KB140024

SLOT
그들만 아는 슬롯머신
MACHINE

SLOT
그들만 아는 슬롯머신
MACHINE

박현준 지음

프롤로그

또박또박

50대라는 숫자는 지나간 나이의 숫자와 함께 다른 삶의 고민을 던집니다. 삶의 고민은 다양하겠지만, 그 나이에 어울리는 그 나이만의 고민은 같이 공감되는 것 같아 살아오면서 학습된 필자의 짤막한 지식들을 그 가치와 관계없이 이 시대를 살아가고 있는 우리들과 후배들에게 나누고자, 이렇게 용기를 내어 키보드를 두드려 보기 시작합니다.

필자는 우리나라 최초로 사행성 또는 전자 사행성 게임기를 관리감독하는 국제 수준의 기술을 국산화하여 신기술(산업통상자원부: NET)인증을 받았습니다. 그리고 국내 산업에 적용하고자 연구개발에 성공(중소기업청: 성능 인증 획득)하여 대한민국 기술혁신상 장영실상(미래창조과학부)과 국가 신기술 유공자 국무총리 표창을 수상한 대한민국 중소기업의 대표이사입니다.

응? 사행성 관리 감독? 왠지 조폭이 생각나고 왠지 불법적이고 어두운 공간이 바로 이미지로 떠오르는 단어입니다. 이 분야를 어렸을 적부터 꿈꿔 왔냐고요? 아니요. 필자가 꿈꾸던 젊은 날의 대단한 꿈이나 관심이 많이 있던 분야는 아니었습니다. 그보다는 우연한 기회였습니다.

1980대 말 경희호텔경영대학 졸업 후 국내에서 그랜드 하얏트 베이커리, 스위스 그랜드 호텔 벨맨, 르네상스 호텔 프런트에 근무하면서 동국대 전산교육원을 다닌 것이 계기가 되어, 해외에서 카지노 호텔 리조트, 즉 소위 요새 유행하는 복합리조트 카지노에서 지배인으로 근무하며 경험을 쌓았습니다. 더하여 필자는 강원랜드 전산 마스터 플랜에 관련된 업무와 한국관광공사가 출자한 외국인 전용 카지노인 세븐럭 카지노와 국내 최초의 복합리조트 카지노인 파라다이스 시티 카지노에 관련된 전산시스템을 구축할 수 있는 기회와 경험을 가질 수 있었습니다.

카지노 내부를 들여다 볼 수 없는 일반인의 식견으로는 카지노를 단순한 도박으로만 이해하기 쉬운 것 같습니다. 도박중독에 걸리는 개인적 폐해와, 이러한 우려와 사회적 부작용을 알면서도 경제 활성화를 위해 선택할 수밖에 없었던 대한민국 정부의 고민은 반복되어 왔습니다. 폐해를 최소화하면서 경제 활성화를 긍정적으로 극대화할 수 있는 사회 안전시스템과 관리 정책의 개발 부재와 더불어 사회 전체의 보수적이고 안이한 선입견이 우리 사회의 건전하고 안전한 게임문화의 정착을 지연하고 있다고 생각합니다.

인터넷 기술이 발달한 후 해외 정부와 관련 기관에서는 사람들이 건전하게 즐길 수 있는 안전한 관리 감독을 실시간 중앙 모니터링 기술로 표준화하여 게이밍 또는 도박이라 불리는 사회 전반의 게임문화를 투명하고 건전하게 육성하고 그에 따른 경제적 수익을 복지기금으로 사용하여 사회 전반에 이롭게 배분하고 있으며, 도박으로 인한 폐해를 최소화하고 있습니다.

필자의 경험을 통해, 노무현 정부 시절에 사회적 파장을 크게 만들어 수많은 사람들에게 피해를 입혔던 '바다이야기'와 같은 유사 사행성 게임기(확률형 경품게임기)는 대한민국 정부가 규정한 합법적인 범위에서 게임인증을 받고 해외에서도 인기가 많았던 훌륭한 게임 콘텐츠였습니다. 다만, 게임기를 구매하여 확률을 조작한 운영업자들, 특히 상품권을 개인의 이윤을 위해 불법적인 환전을 했던 환전업자들, 그리고 유사 사행성 게임기의 확률조작과 환전을 막을 수 있는 관리감독 기술개발과 정책을 천박하고 저급한 기술로 치부하고 연구개발하지 않았던 우리 사회 구성원 전체의 무관심이 결국 수많은 사람들에게 경제적 피해와 중독이라는 정신적 피해를 가져왔다고 판단합니다.

인류의 역사가 시작된 이후, 게임과 도박은 지극히 주관적 가치관과 그 시대에 문화에 의해서 수없이 모호한 경계선이 그어져 왔습니다. 정보통신의 환경이 2000년대 이후 급속히 발달해 가고 있는 이 시점에서는 게임과 도박의 이분법적 해석보다는 게임을 포괄적으로 모니터링하고 그 안에서 순수한 게임의 영역, 유사 사행성 게임(확률형 아이템 게임)의 영역, 사행성 게임의 영역으로 분류하여야 합니다. 또한 유사 사행성 및 사행성 게임의 경우는 이론적 배당확률과 실질적 배당확률이 정부의 철저한 관리감독 하에 투명성과 건전성이 확보되는 게임문화의 사회적 안전시스템을 구축해야 합니다.

필자는 이 책을 통해 사행성 전자게임기의 대표 격인 카지노의 슬롯머신 감독기술 정보와 기타 관련 정보를 논하여 대한민국의 전체 게임문화의 건전한 변화와 관리감독 기술의 혁신에 도움이 되기를 기원하고 호텔경영학이나 카지노학과를 전공하는 많은 후배들이 교감할 수 있는 좋은 자료가 되기를 기원합니다.

더불어 이제 겨우 나이 오십에 이렇게 책을 쓸 수 있는 용기와 지혜를 더해 준 평생 친구이자 언제나 필자의 기술 지도를 맡고 있는 안희준 교수(서울과학기술대학교), 대한민국 공공 카지노 IT 기술개발의 수장인 김광율 IT 팀장(세븐럭 카지노), 대한민국 카지노 역사와 함께 살아있는 필자의 멘토 임준신 상무(파라다이스 시티)께 감사를 드립니다.

목차

제1장

신의 영역, '확률'

1. 놀이 문화와 카지노 역사

게임의 인류학적 역사는 기원전부터입니다. 고대 이집트, 인도, 중국, 그리스, 로마 시대를 거쳐, 프랑스 및 영국에 이르기까지 수많은 이야기가 있습니다.

특히 20세기 인류 문화사와 정신사를 고찰한 요한 하위징아(John Huizinga)의 저서 "호모루덴스(Homo Ludens)"에서 말하는 인간의 본질은 유희라는 점에서 파악하는 인간관과 같이 역사 속의 게임은 인류의 한 부분이었습니다. 특히 그는 유희의 의미를 단순히 논다는 말이 아니라, 정신적인 창조활동을 가리킨다고 하였습니다. 풍부한 상상의 세계에서 다양한 유희가 인간의 전체적인 발전에 기여한다고 보았습니다. 그는 '놀이는 선하지도, 악하지도 않은 도덕적 규범의 영역 바깥'이라고 규정하였습니다.

이처럼 인류가 즐겨하던 놀이에 엔터테인먼트적인 요소, 사람들의 참여 호응도, 행운이 따라 주기를 바라는 신의 은총을 갈구하는 본능이 결합되어 근대 카지노 게임의 원천이 되었습니다. 우습게도 역사의 반복처럼 로마시대의 아우구스투스 황제는 로마복구자금 복권을, 네로 황제는 불탄 로마재건 복권사업을 채택 했듯이 지금도 많은 국가들이 신께 행운의 은총을 기원해야하는 카지노와 복권사업을 복지 기금 조달을 위해 제도화 하였습니다.

근대 카지노는 이탈리아와 영국 및 프랑스의 문화가 혼합되어 있습니다. 페르시안 사람들이 즐겼다는 기원과 로마시대부터 즐겼다는 기원의 포커게임과 주사위 게임, 이집트가 기원이라는 룰렛 게임, 프랑스가 기원이라는 블랙잭 게임 등이 대표적인 테이블 게임이자 현대의 카지노 게임으로도 많이 이용되고 있습니다.

현대의 카지노(Casino)라는 단어의 유래는 까사(Casa)라는 이탈리아어가 어원으로 추정됩니다. 최초의 근대적 카지노는 1638년 이탈리아의 베네치아 카지노(Casino di Vennezia)로 사행성 게임, 음악, 댄스, 쇼 등의 오락시설을 갖춘 일반 대중적인 오락시설이었습니다.

이후 19세기까지 회원제 형태로 유럽 각 국에 소개되어 운영되면서 전 세계로 확산되기 시작하다가, 1931년 미국 네바다 주에서 경제 활성화를 위해 최초로 합법적인 사행산업으로 탄생되어 1976년 뉴저지 주, 1980년 사우스다코타 주, 콜로라도 주, 아이오와 주 등으로 확산되었습니다. 1990년대로 접어들면서 대형화를 통한 리조트형 카지노 및 인터넷 기반의 온라인 카지노가 등장하고 2000년대 들어 네바다 주의 대형 카지노 업체가 아시아의 마카오, 싱가포르 등에 진출하고 대형 크루즈 선주들이 선상 카지노 시장을 만들었습니다.

우리나라의 경우, 1960년에 박정희 대통령이 중앙정보부를 통해 일본의 파친코 2,000여 대를 수입하여 외화획득 목적으로 사행사업을 주도한 뒤, 1967년 인천 올림퍼스 카지노, 1968년 워커힐 파라다이스 카지노를 허가하고 1970년도부터 1980년대 말까지 관광호텔에 성인오락실, 1999년 내국인 전용 카지노인 강원랜드, 2020년 3개의 대형 외국자본이 주도하는 복합리조트 카지노 순으로 정부의 주도하에 사행성 시장이 만들어졌습니다.

대한민국의 사행성 게임 산업의 역사는 이제 60년이 다 되어 갑니다. 세월과 함께 문화도 기술도 변했지만, 우리 게임 산업을 통제하고 균형 있게 육성할 수 있는 기술적 접근은 거의 전무한 수준입니다. 자칫 일부 잘못된 생각이나 부정한 권력이 게임 산업에 쉽게 기생한다면 이익이 사유화되어 그로 인한 국민과 국가의 피해는 보호할 수 없게 될 것입니다.

2. 슬롯머신의 변신

AWP(Amusement with Prize)라고 불리는 '확률형 경품게임기'는 게임을 위해 동전 또는 지폐, 현금성/비현금성 티켓, 전자화폐를 투입하여 확률에 의한 게임결과에 의해서 그 대가를 상품, 경품, 현금 또는 현금전환 가능한 대체품으로 지급받는 게임물입니다. 2016년 길거리에서 청소년들의 주머니를 털었던 인형 뽑기, 2000년대 초반 상품권 환전으로 문제가 되었던 바다이야기, 1990년대 관광호텔 위주로 조직폭력배의 주력사업으로써 사회적으로 큰 영향을 주었던 슬롯머신, 1960년대 일본에서 건너와 우리 사회에 파장을 주었던 파친코, 그리고 현재 카지노에서 사용되는 슬롯머신과 전자테이블 모두 신께 행운을 기원해야 하는 확률 게임 즉, AWP입니다.

AWP의 최초 모델은 1894년 미국 뉴욕의 브루클린에서 처음 생겨났습니다. 이는 시트먼(Sittman)과 피트(Pitt)가 개발한 포커게임 기반의 카드 머신이었습니다. 이 머신은 5개 원통형 회전드럼에 50개의 카드를 넣은 후, 옆면의 기어 레버를 잡아당겨 회전된 각 원통형 회전 드럼에서 배출된 카드의 우연한 조합을 게임결과로 결정하는 포커게임 방식이었습니다. 이 머신에는 게임결과에 따라 무엇인가를 직접 지불할 수 있는 물리적 메커니즘이 적용되지는 않았습니다.

최초의 포커 카드 머신

이 머신은 주로 미국의 주요도시에 있는 술집에 설치되어 5센트짜리 동전을 집어넣고 5개 카드 중 킹(King) 페어가 나오면 무료 맥주를 한 잔 받거나, 로열 플러시(Royal Flush)가 나오면 담배를 경품으로 받는 방식으로 유행하였습니다. 52개의 카드 중 스페이드 10과 하트 잭(Jack)을 제외시켜서 로열 플러시(Royal Flush)가 나오는 확률을 플레이어에게 불리하게 만들기도 했습니다.

현재의 슬롯머신의 기원은 미국 캘리포니아 샌프란시스코에서 독일 이민자인 찰스 페이(Charles Fey)가 1895년에 자동 코인 지불방식을 고안한 리버티 벨 슬롯머신(Liberty Bell Slot Machine)이라는 머신입니다.

이 머신은 말편자 무늬, 다이아몬드, 스페이드, 하트, 자유의 종(미국 독립의 상징으로 Liberty Bell이라 통칭) 등 총 5가지의 심벌이 새겨진 3개의 릴을 스프링을 이용하여 회전시켜 매번 게임결과를 결정하는 방식으로 작동했습니다. 동일한 심벌이 3개 모두 나오는 잭팟(Jackpot)에 당첨되면 50센트를 자동으로 지불하고, 나머지 지정된 심벌 조합이 나오면 15센트를 지불하였습니다. 카드 잭(Jack) 3개가 나오면 큰 금액이 나온다 하여 잭팟(Jackpot)의 유래가 되었다고 합니다.

최초의 슬롯머신

이 머신은 몇 년 후 사행성 게임물로 유통이 금지 되었으나 1907년 시카고의 허버트 밀스(Herbert Mills)에 의해서 '오퍼레이터 벨(Operator Bell)' 머신이라는 이름으로 재생산되어 미국 전역의 담배 가게, 술집, 볼링장, 매춘업소, 이발소 등에 설치되었습니다.

오퍼레이터 벨(Operator Bell) 머신

초기에는 50kg 이상의 철제형 모델을 이용하다가 1915년부터 목재

사일런트 벨(Silent Bell) 머신

형 모델로 변경되었습니다. 1930년대에는 작동 시 요란한 소음을 현저히 줄여 '사일런트 벨(Silent Bell)' 머신으로 소개되어 미국 전역에 설치되었고 1940년에는 벅시 시겔(Bugsy Siegel)이 운영하는 라스베이거스 플라밍고 힐튼 호텔(Flamingo Hilton Hotel)에 최초로 현재 카지노의 가장 유사한 모습으로 설치되었습니다.

1909년 사행성 게임기 불법화

1909년에는 미국 전역에서 찰스 페이(Charles Fey)가 만든 리버티 벨(Liberty Bell) 슬롯머신처럼 확률에 의해서 우연히 현금이 지불되는 형식을 불법화하는 법안이 통과되어 더 이상 플레이어에게 현금을 지불할 수 없게 되었습니다.

이러한 규제 정책에 대응하여 술집 운영자들과 머신 제조업체들은 머신에서 특정한 심벌 조합을 맞추면 껌이나 해당하는 경품을 제공하게 되었습니다.

이것이 현재 국내 당구장이나 기타 장소에서 불법적으로 유통되고 있는 전자식 슬롯머신의 심벌인 과일이나 바(Bar)가 생겨난 유래입니다. 주로 기계식 릴에 표시되어 있는 과일은 사탕을 의미하는 것으로 체리나 멜론 심벌을 이용하였으며, 바(Bar)는 주로 껌 한 팩, 두 팩, 세 팩을 상징합니다.

벨 프루트 껌(Bell Fruit Gum) 자판기

또한 가끔 나오는 종(Bell)의 상징은 시카고 벨 프루트 껌(Bell-Fruit Gum)사의 초기 로고를 상징합니다. 해당 심벌 조합에 따라 껌과 사탕을 제공하는 자판기로 사용되었습니다.

그러나 1920년부터 1933년까지 미국의 금주법이 유효한 시기에는 모든 술집이 불법적으로 운영되었기 때문에 벨 프루트 껌(Bell-Fruit Gum)사의 자판기는 껌 대신 현금을 제공하는 불법적인 사행성 게임기로 유통되었습니다.

볼(Ball)에 식품을 넣어 게임의 결과에 따라 경품으로 제공하는 방식은 사행행위 금지 규제를 회피하기 위한 공공연한 기술로 사용되었습니다. 이후 미국 법원에서는 우연에 의한 확률에 의해서 껌, 사탕, 민트와 같은 경품이 상대적으로 더 많이 나오거나 더 적게 나오는 방식은 플레이어에게 도박의 성향을 호소할 수 있다 하여 한동안 불법으로 판결하였습니다.

1963년에는 최초의 전자식 슬롯머신인 '머니 허니(Money Honey)'가 밸리(Bally)사라는 슬롯머신 제조사에 의해서 소개되었습니다. '머니 허니(Money Honey)'는 세계 최초로 최대 500개까지의 코인을 직원의 도움 없이 자동으로 지불할 수 있는 호퍼(Hopper, 코인 배출기)를 전자적으로 처리할 수 있는 머신이었습니다. 또한 기어식 레버 역시 전자식으로 처리하여 단순한 데커레이션 효과를 주게 되었습니다. 더불어 이 머신은 플레이어가 여러 권종의 코인을 모두 투입할 수 있는 최초의 멀티 코인 머신(Multi Coin Machine)이었습니다.

밸리(Bally)사의
머니 허니(Money Honey)

당시 카지노 플레이어들은 대다수가 테이블 게임만을 선호하는 상황에서 밸리(Bally)사의 '머니 허니(Money Honey)'는 효과 음향, 조명을 사용하고 잭팟(Jackpot) 금액을 상향시켜 많은 카지노 플레이어들에게 인기를 얻게 되었습니다. 그 영향으로 이후 밸리(Bally)사는

1978년까지 슬롯머신 제조시장의 90%를 독점하여 운영할 수 있었습니다.

현재 대한민국의 카지노 영업 준칙에는 위와 같은 슬롯머신이 릴머신과 비디오 머신으로 구분되어 있으며, 향후 테이블 게임을 전자식으로 구성한 전자테이블게임(ETG; Electronic Table Game)이 추가적으로 구분될 예정입니다.

밸리(Bally)사의 '머니 허니(Money Honey)'나 밀스(Mills)사의 '리버티 벨(Liberty Bell)'의 아류 슬롯머신은 모두 기계식 릴(Reel)을 전자적으로 제어하는 방식의 릴 슬롯머신입니다.

그렇다면, 비디오 슬롯머신에 대해 알아볼까요? 세계 최초로 비디오 슬롯머신을 제조한 회사는 미국의 포천 코인(Fortune Coin Co)사입니다.

포천 코인(Fortune Coin Co)사의 키니 메사(Keany Mesa)는 1976년에 일본 소니(Sony)사의 CRT와 컴퓨터 프로그래밍이 가능한 로직 보드(Logic Board)를 이용하여 랜덤확률에 의한 컴퓨터 그래픽으로 게임결과를

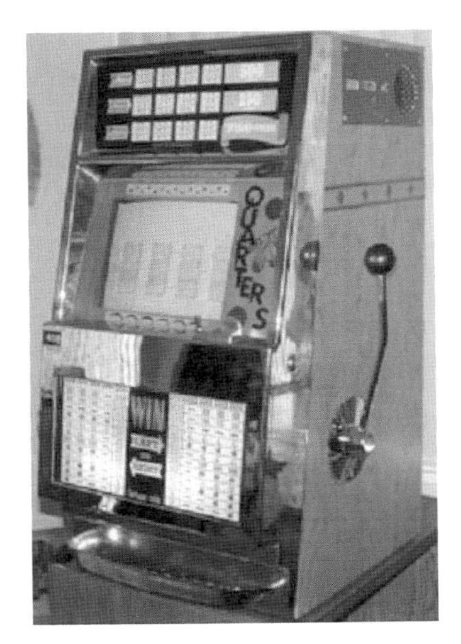

최초의 비디오 슬롯머신

제공하는 방식으로 최초의 비디오식 슬롯머신을 라스베이거스 힐튼 호텔에 제공하였습니다.

세계에서 최초로 네바다 게이밍 위원회를 통해 비디오 슬롯머신을 정식 카지노 사행성 게임기로 인정받았고 결국 포천 코인(Fortune Coin Co)사는 1978년 IGT(International Gaming Technology)사에 회사를 팔았습니다.

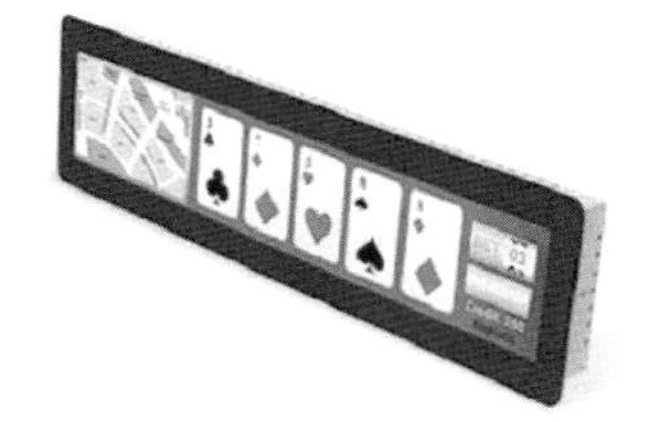

최신 국산 슬롯머신 디스플레이(코텍사)

현재 일본의 소니(Sony) CRT 대신 대다수의 전 세계 슬롯머신 제조업체들은 한국의 코텍사(www.kortek.co.kr)의 LCD/OLED 디스플레이를 사용하고 있으며, 2016년 코텍사는 약 2,500억 원 상당의 슬롯머신 디스플레이를 수출하였습니다.

밸리(Bally)사는 1968년에 잭 솔로몬(Jack Solomon)과 앨빈 스내퍼(Alvin Snapper)가 '어드밴스트 페이턴트 테크놀로지(Advanced Patent Technology)'라는 의료, 광학, 전자분야의 특허 80여 개를 가진 회사를 설립하면서 시작되었습니다. APT사는 1979년 라스베이거스의 유나이티드 코인 머신 컴퍼니(United Coin Machine Company)와 합병한 후 1983년부터 라스베이거스에서 호텔과 카지노에 투자를 시작하고 회사명을 '게이밍 앤드 테크놀로지(Gaming and Technology Inc)'로 바꾸었습니다. 이후 1985년 비디오 슬롯머신 회사인 오메가(Omega) 사를 합병하였습니다. 이후 회사명을 1988년에 다시 유나이티드 게이밍(United Gaming Inc)으로 바꾸었습니다. 그리고 1990년부터는 다수의 라스베이거스 카지노 호텔에 투자 및 운영을 하다가 1996년 지금의 '밸리 테크놀로지(Bally Technology)'라는 이름을 갖게 되었습니다. 밸리(Bally)사는 WMS사와 셔플 마스터(Shuffle Master)사와 함께 사이언티픽 게임즈 코퍼레이션(Scientific Games Corporation)사에 흡수합병 되었으나 개별 브랜드를 살려 운영되고 있습니다.

1976년 밸리(Bally)사는 '머니 허니(Money Honey)'로 슬롯머신 시장에서 대형 프리미엄 제조사가 된 후에 많은 연구개발을 통해서 자체적으로 슬롯머신의 운영과 게임 플레이에 관련된 정보를 수집할 수 있는 최초의 컴퓨터 시스템을 소개하였습니다.

1970년 동전 계수 장면

'SDS(Slot Data System)'로 소개된 이 시스템은 최초의 슬롯머신 운영관리 컴퓨터 시스템으로 향후 카지노 회계시스템, 보안시스템, 유지보수시스템으로 발전되었습니다. 이로 인해 기존에 수기 처리하는 방식으로 인해 발생하던 투입금액과 지불금액의 불투명한 회계적 문제와 그로 인한 업계의 비리와 부정을 최소화 할 수 있었습니다.

이후 1970년대 퍼스널 컴퓨터의 도래로 게임시장의 변화가 생기기 시작했습니다. 인터넷 기술의 도래와 더불어 찾아온 온라인 카지노와 모바일 기술의 도래로 찾아온 소셜 모바일 카지노처럼 퍼스널 컴퓨터와 TV 문화는 1970년대에 게이밍 산업을 부흥시키는 기술이었던 것입니다.

포천 코인(Fortune Coin)사의 비디오 포커 머신

당시 밸리(Bally)사의 유통대리점으로 일하던 시 레드(Si Redd) 역시 새로운 기술을 배경으로 하는 혁신적인 슬롯머신을 찾고 있었습니다. 당시 밸리(Bally)사는 아직 플레이어에게 검증되지 않은 프로토타입의 전자 포커게임용 비디오 슬롯머신 상용화 개발을 주저하고 있었습니다. 이 때, 시 레드(Si Redd)는 자신이 직접 상용화 단계로 개발해서 판매해 보겠다고 밸리(Bally)사의 임원을 설득하여 해당 비디오 포커게임에 대한 특허를 양도받았습니다. 이는 후에 밸리(Bally)사가 땅을 치고 후회하게 될 결정이었습니다.

IGT 사의 비디오 포커 머신

시 레드(Si Redd)는 릴 머신의 테마를 비디오 슬롯머신으로 개발하고도 크게 인기가 없었던 포천 코인(Fortune Coin)사와 협상을 하여 시르코마(Sircoma)사라는 새로운 회사를 설립하게 됩니다. 나중에 시르코마(Sircoma)사는 IGT사의 전신이 되며, 1980년대 이후 밸리(Bally)사의 슬롯머신 시장을 공략하여 장악하게 되는 운명 같은 일이 생깁니다.

시 레드(Si Redd)는 시트먼(Sittman)과 Pitt(피트)가 만든 최초의 포커게임머신에 거의 90년 만에 전자적 장치에 비디오 CRT를 통해 자동 지불방식까지 넣어 시장에 내놓았습니다. 최초의 비디오 포커 머신의 이름은 '드로 포커(Draw Poker)'로 5장의 포커 카드 중 2개 이상의 페어가 나오면 베팅한 금액에 일정 배수를 포커의 게임 조건에 따라 지불하는 방식이었습니다.

시 레드(Si Redd)는 1년 후 폭발적인 카지노 플레이어들의 호응과 성공적인 판매로 회사이름을 IGT(International Gaming Technology) 사로 변경하게 되었고 1990년대 이후 카지노 슬롯머신 시장의 판도를 바꾸게 됩니다. 35년이 지난 지금도 시 레드(Si Redd)가 밸리(Bally)사에게서 특허를 인수받아 만든 IGT의 비디오 포커 머신은 세계 모든 카지노에서 아직도 쉽게 찾아 볼 수 있습니다.

인류역사 이래 인간의 놀이에 신의 은총이 내리는 우연한 게임결과는 사람들을 더욱 흥분시켜왔습니다. 하지만 대부분 아니 현대 카지노 게임의 100%는 수학적 확률에 근거하여 플레이어 보다는 하우스, 즉 카지노가 유리하도록 설계되어진 게임들입니다.

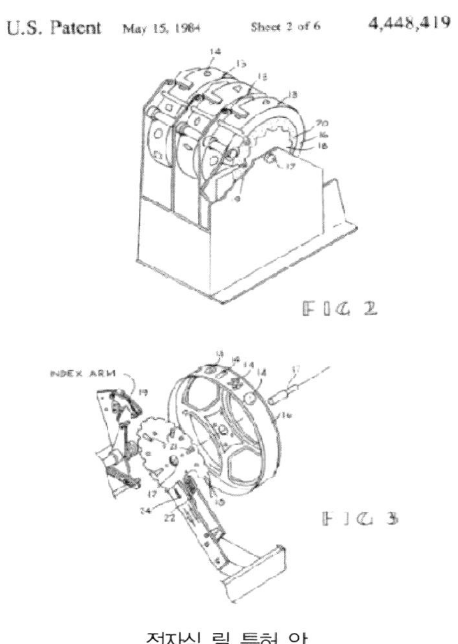

전자식 릴 특허 안

1984년 노르웨이 출신 수학자인 잉게 텔나즈(Inge Telnaes)는 신의 영역의 비밀을 수학적으로 구성하여 슬롯머신 역사에 큰 획을 긋는 발명을 했습니다. 기존의 기계식으로 회전되는 3개의 릴에 각 12개의 심벌 중 체리 심벌 세 개를 맞추는 잭팟 확률은 1728분의 1이었습니다.

오늘날의 슬롯머신과는 달리 당시에는 물리적으로 지불 금액을 높여야만 잭팟 히트율을 떨어뜨릴 수 있는 구조였습니다. 동일 조건에 물리적인 릴을 한 개 추가하면 잭팟 금액을 좀 더 올릴 수 있었지만, 당시의 플레이어들은 이런 머신을 좋아하지 않았다고 합니다.

또 다른 방법은 각각의 릴에 더 많은 심벌을 넣는 방식이지만 오늘날의 천문학적 금액의 잭팟을 만들기에는 물리적으로 한계가 있었습니다.

U.S. Patent May 15, 1984 Sheet 5 of 6 4,448,419

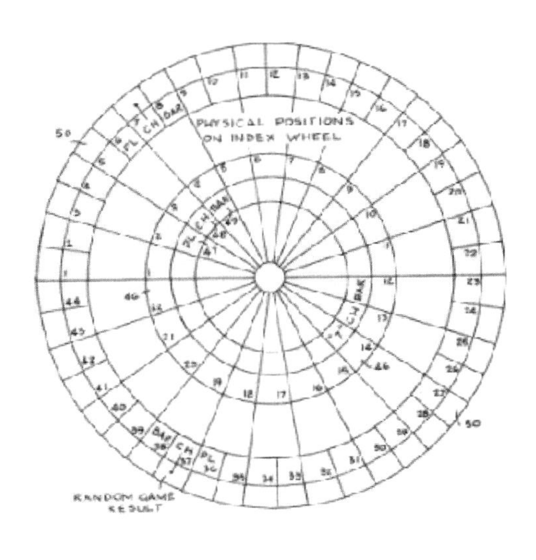

FIG 6

컴퓨터 칩에 의한 랜덤번호 생성기 특허안

이에 대한 잉게 텔나즈(Inge Telnaes)의 솔루션은 간단합니다. 컴퓨터 칩을 이용하여 릴이 정지할 때 심벌의 조합을 결정하는 랜덤 번호 생성기였습니다. 즉, 회전하고 있는 릴의 정지 위치를 컴퓨터 칩으로 조정하여 머신의 게임결과를 표시하도록 한 것입니다. 컴퓨터 칩에 프로그램 되어있는 랜덤 번호 생성 알고리즘에 따라 슬롯머신의 배당률(반환율)이 달라집니다.

한국의 카지노 운영 준칙에는 해당 슬롯머신의 확률이 내장되어 있는 이피롬(Read Only Memory)이나 기타 비휘발성 메모리 칩 또는 장치는 정부에서 지정한 검사기관의 승인을 받고 봉인처리 후 운영하도록 하여, 불법적으로 확률을 조작하거나 변조하지 못하도록 하고 있습니다. 바다이야기나 PC, 모바일 기반의 확률형 경품게임 모두 동일한 랜덤 번호 생성기를 이용합니다. 정부가 수학적 확률을 일정 기준으로 관리하는 실시간 감독 정책을 갖는다면, 사행성 또는 유사 사행성으로 인한 사회적 피해를 최소화 할 수 있게 됩니다.

IGT 릴 머신

잉게 텔나즈(Inge Telnaes)의 이 발명은 슬롯머신의 왕이라고 불리는 시 레드(Si Redd)에게 판매되었고 결국 '릴 정지 위치 선택용 랜덤 넘버 생성기를 이용한 전자게임 장비(Electronic Gaming Device Utilizing a Random Number Generator for Selecting the Reel Stop Positions)'라는 특허는 IGT로 하여금 한 개의 전자식 릴에 최대 256개의 심벌을 장착하여 기계적인 릴의 게임 확률과 비교할 수 없을 정도의 천문학적 잭팟 금액을 플레이어에게 지급하면서 카지노의 수입금을 올릴 수 있도록 게임 확률을 설정할 수 있게 되어 밸리(Bally)사가 10년 넘게 쌓아올린 시장 선도 장악력을 무력화시킬 수 있는 주요 무기가 되었습니다. 더불어 이는 IGT가 현재 AWP(Amusement with Prize) 머신 시장에 모든 확률형 게임기의 기술적 근간과 표준을 만들게 되는 계기를 마련한 사건이 되었습니다.

LED와 크레디트(Credit) II

1980년대 LED 기술과 컴퓨터 칩의 개발로 매번 게임을 할 때마다 동전을 집어넣어 베팅을 한 후 게임 결과에 따라 호퍼(Hopper, 코인 배출기)에서 물리적인 동전으로 내려받던 기존의 방식을 벗어나, 미리 동전을 충분히 넣어두고 해당 머신에 설정된 권종 금액(Denomination)에 의해 베팅 가능한 게임 횟수를 LED 램프로 표시한 후, 게임의 결과에 따라 플레이어에게 지급해야 할 동전금액을 다시 베팅 가능 횟수의 크레디트 미터(Credit Meter) 값으로 추가하여 저장한 뒤 표시하는 크레디트 플레이(Credit Play)라는 기능이 게이밍 시장에 소개 되었습니다.

슬롯머신 버튼

물론 기존의 베팅하고자 하는 금액만큼을 동전으로 넣는 행위 대신 원하는 금액을 선택하는 버튼과 머신이 허용하는 최대 베팅금액(Max Bet)을 선택하는 버튼, 크레디트(Credit)에 있는 게임 가능 횟수를 동전으로 최종적으로 내려 받는 캐시아웃(Cash out) 버튼도 함께 소개되었습니다.

최초의 멀티 사이트 프로그레시브(Multi-Site Progressive)

1986년, IGT는 잉게 텔나즈(Inge Telnaes)의 특허를 기반으로 한 대의 머신에서 천문학적인 금액의 잭팟이 터지는 슬롯머신을 뛰어넘어, 여러 카지노를 링크하여 사람들의 인생을 뒤바꿀 수 있을 정도의 초특급 잭팟 금액을 제공하는 최초의 멀티 사이트 프로그레시브(Multi Site Progressive) 슬롯머신을 '메가벅스(MegaBucks)'라는 이름으로 시장에 소개하였습니다.

라스베이거스의 메가벅스(MegaBucks)

'메가벅스(MegaBucks)'가 설치된 여러 곳의 라스베이거스 카지노를 전화선을 통해 연결한 후 모든 플레이어가 베팅을 할 때마다 일정한 금액을 점진적으로(Progressive) 적립하였다가 특정한 심벌이 나온 '메가벅스(MegaBucks)' 머신에게 해당 Jackpot 금액을 지불해주는 방식으로 당시 미국의 로또보다 당첨확률이 높았으며, 배당금액도 많았습니다. 당연히 이는 일확천금을 신의 은총으로 기대하는 많은 플레이어에게 폭발적인 호응을 받게 되었습니다. 결국 라스베이거스 카지노를 들썩이게 만들었습니다.

이후 IGT는 슬롯머신 제조사를 뛰어넘어 여러 라스베이거스 카지노와 협약관계를 갖고 멀티 사이트 프로그레시브 잭팟(Multi Site Progressive Jackpot)을 직접 운영하는 엔터테인먼트사로 도약하는 계기를 마련하게 되었습니다. 수익금액을 카지노와 호텔을 건설하는데 투자했던 밸리(Bally)사와 다르게 IGT사는 특허와 관련기술을 기반으로 하고 은행처럼 현금의 흐름을 중계하는 사업을 엔터테인먼트화하여 수십 년이 흐른 지금도 전 세계 게이밍 시장을 주도하는 역량 있는 글로벌 기업으로 기술의 변화와 시대의 흐름을 이끌어가고 있습니다.

지폐인식기(Bill Validator)의 등장

나이가 좀 드신 분들은 오래전에 카지노나 성인 오락실에서 게임을 하기 위해 한 무더기의 코인을 교환하거나 토큰을 바꾸었던 기억을 하실 수 있을 것입니다.

하지만 1990년대 중반 지폐인식기(Bill Acceptor 또는 Bill Validator로 통용)의 등장으로 더 이상 슬롯머신 게임에 동전이 필요 없게 되었습니다.

이와 같은 지폐인식기의 등장은 플레이어가 동전 교환을 위해 머신에서 떠나는 일이 없기 때문에 게임 참여 횟수가 상대적으로 증가되었습니다.

더욱이 크레디트 플레이(Credit Play) 개념과 함께 운영되었기 때문에 플레이어는 더 이상 게임을 더 해야 할지 멈춰야 할지에 대해 생각을 할 수 있는 시간도 가질 수 없을 정도가 되었습니다.

20년이 지난 지금 전 세계적으로 2개의 회사가 슬롯머신이나 기타 확률형 게임머신의 지폐인식기 시장을 독점하고 있습니다. 바로 일본의 JCM사와 미국의 MEI사입니다. 그들은 단순한 지폐인식의 수준을 넘어 지폐의 위조여부를 판별하는 밸리데이터(Validator) 역할, 향후 이야기할 현금성/비현금성 티켓(Ticket) 인증의 역할, 지폐수거 기능, 슬롯머신과의 통신기술 등 복합적인 기술을 융합하여 자신들의 시장을 방어하고 있습니다. 지폐가 통용되지 않고 슬롯머신이 없어지지 않는 이상 이 두 업체는 계속 발전해 나갈 것입니다. 우리나라의 중소기업들도 지폐인식기의 제조 기술을 보유하고 있으나 관련 산업의 표준 통신프로토콜과 기능적 고도화 기술이 없는 상태여서, 글로벌 시장진입에 난항을 겪고 있는 상황입니다.

1991년에는 미국 콜로라도의 자그마한 슬롯머신 클럽(성인 오락실 수준)을 운영하던 '앵커 게임즈(Anchor Games)'사는 플레이어들이 릴이 회전하는 것 이외에 아무런 내용도 없는 슬롯머신을 식상해한다는 것에 주목했습니다. 그러한 아이디어에 착안하여 기존 슬롯머신 디스플레이 모니터 상단에 투명한 캐비닛을 추가 설비하여 기념은화를 제공하는 특별한 보너스 잭팟(Bonus Jackpot) 기능을 추가하였습니다. 이를 업계에서 통용되지 않는 비표준 방식으로 더하여 '실버 스트라이크(Silver Strike)'라는 이름으로 자신들의 클럽에 소개하게 되었던 것입니다.

최초의 보너스 게임 슬롯머신

이는 단순한 원리의 디자인이었지만, 단숨에 플레이어의 호응을 얻었고 바로 IGT사와 파트너십을 맺게 되었습니다. IGT사는 이를 발전시켜 업계에서 통용되는 표준방식을 이용하여 릴에서 특정한 심벌이 나오면 상단의 투명한 캐비닛에서 핀볼 게임이나, 틱톡 게임과 같은 추가적인 보너스 게임 기능이 시작되도록 개발하여 최초의 '보너스 라운드(Bonus Round)' 머신을 만들었습니다.

1992년에는 새롭게 태어난 밸리(Bally)사가 슬롯머신 시장에 새로운 돌풍을 가지고 등장했습니다. 당시 국내에서는 소개되지 않았지만, 최초의 멀티 게임(Multi-Game) 머신을 전 세계 VLT(Video Lottery Terminal: 확률이 정부가 감독하는 복권 위원회의 서버에 있어 원격

밸리(Bally)사의 최초 멀티 게임(Multi-Game)

으로 매 게임결과의 확률을 터미널로 실시간 송신하고 로또 복권의 결과를 슬롯머신과 유사한 그래픽으로 표시하여 당첨여부를 알려주는 전자복권 사업방식) 시장의 선점을 목적으로 '게임 메이커(Game Maker)'라는 이름으로 출시하여 주목을 받았습니다.

'게임 메이커(Game Maker)'는 플레이어가 동일한 비디오 슬롯머신에서 자신이 선호하는 게임테마를 선택하여 플레이 할 수 있도록 하는 것이 차별화 전략이었습니다. 물론 밸리(Bally)사가 만든 비디오 게임 테마만 제한적으로 선택이 가능했습니다.

기존의 카지노는 플레이어들이 선호하는 게임을 수요 예측하여 단일 게임 테마를 기준으로 다양한 머신을 구매해야 하는 애로사항을 개선할 수 있었으며, 플레이어도 한 좌석에서 다양한 게임을 선택하여 즐길 수 있다는 점에 호응이 좋았습니다.

호주의 아리스토크랫(Aristocrat)사의 등장

1990년대 초 밸리(Bally)사와 IGT사의 치열한 용호상박 시대는 1996년 돌연 나타난 호주의 아리스토크랫(Aristocrat)사의 출연으로 종지부를 찍게 되었습니다.

호주 최초의 슬롯머신 제조사인 아리스토크랫(Aristocrat)사는 미국의 제조사가 주도하던 3개 릴을 이용한 싱글 라인의 페이라인(Payline, 심벌 조합조건)을 다른 최초의 멀티라인 비디오(Multiline Video) 머신으로 5개 릴을 기준으로 최소 30개 이상의 페이라인(Payline), 각 페이라인(Payline)별 최대 45개의 코인을 베팅할 수 있게 했습니다. 또한 이 기기는 페이테이블(Paytable, 지불조건)이 다양하였습니다. 이로 인해 기존의 미국 슬롯머신 제조업체와는 비교되지 않는 폭발적인 인기를 끌게 되었습니다. 그리고 실제 국내 외국인 전용 카지노를 찾는 중국인 VIP 플레이어가 가장 선호하는 머신 기종입니다.

니어 미스(Near Miss) 처리방식

슬롯머신 제조업체가 플레이어를 유혹하는 대표적인 테크닉은 니어 미스(Near Miss)라는 용어입니다. 니어 미스(Near Miss)는 이길 수 있었는데 아쉽게 졌다는 암묵적인 예시를 남기는 방식입니다.

예를 들어 어떤 플레이어가 50개의 페이라인(Payline)에 100원씩 베팅을 하였습니다. 그리고 그 게임의 결과로 20개의 페이라인(Payline)을 맞추었습니다. 슬롯머신에 윈(Win)이라고 표시되고 각 라인별로 이긴 금액을 표시해 줍니다. 사실 5,000원을 베팅하고 2,000원을 지불 받은 것이니, 플레이어는 결과적으로 3,000원 손실을 본 것입니다. 그러나 현란한 그래픽과 사운드로 인해 플레이어는 쉽게 자신이 마치 이익을 본 것처럼 판단하게 됩니다.

아니면 심벌이 페이라인(Payline)에 거의 맞을 뻔하다가 다른 포지션을 넘어가게 하여 아쉽게 진 것처럼 그래픽을 처리하거나 잭팟 심벌을 많이 보여주는 방식도 있습니다.

페이라인(Payline)이 많을수록 그리고 각 페이라인(Payline)의 베팅 단위가 클수록 플레이어가 느끼는 중독성은 강해지게 됩니다. 물론 전체적인 배당확률은 싱글 라인의 게임과 최종적으로는 동일합니다.

또 다른 호주 업체인 WMS사는 최초로 세컨드 스크린(Second Screen) 방식과 터치스크린 방식을 채택하였습니다. 메인 디스플레이에서 특정 심벌이 나오면, 보너스 라운드(Bonus Round)가 끝날 때까지 세컨드 스크린(Second Screen)에서 각종 유명 애니메이션이 나오면서, 숨은 보물찾기 보너스 게임에서 플레이어가 터치스크린을 터치하여 선택하는 '릴름인(Reel 'Em In)'이라는 만화 애니메이션 스토리를 슬롯머신에 적용하여 시장에 소개한 것입니다.

WMS사의 애니메이션 슬롯머신

이는 이후 전 세계의 슬롯머신 제조사들이 다양한 만화, 영화, TV 드라마를 게임 테마의 주제로 삼게 된 계기를 만들었습니다.

아바타 영화를 주제로 한 슬롯머신

한국의 경우 한류문화인 드라마나 뮤직 비디오 콘텐츠는 글로벌 슬롯머신 시장에서 인기가 높을 수 있는 주제이지만, 국내의 사회적 정서가 사행성 슬롯머신 수출을 위한 한류문화와의 융합 산업에 보수적인 점이 무척 아쉽습니다.

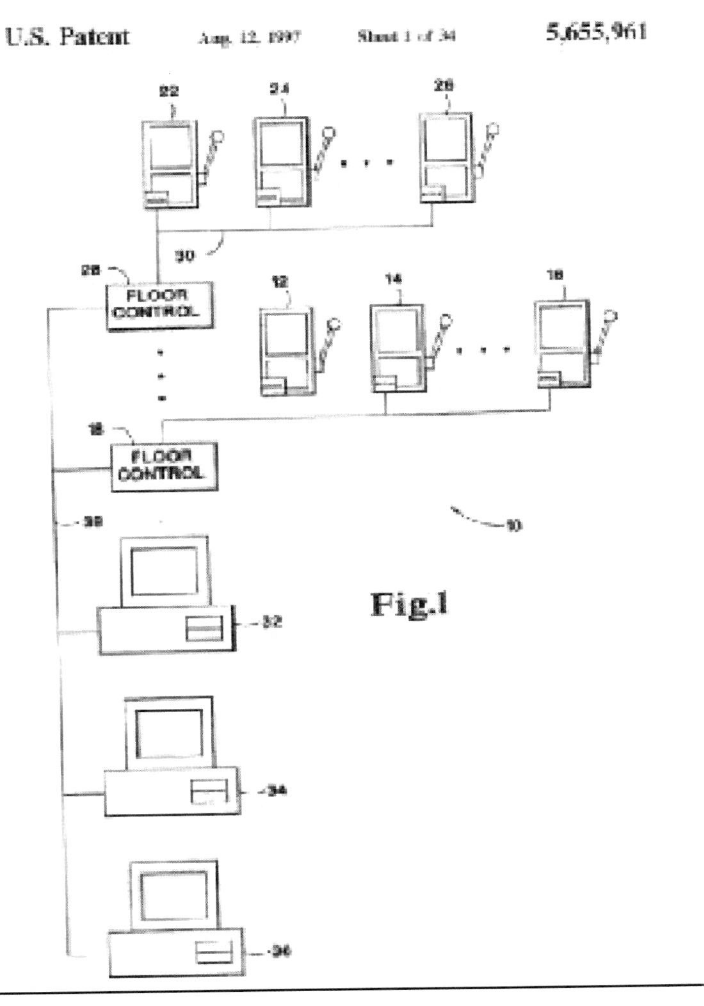

초기 미스터리 잭팟 발명안

1997년에는 미국의 마이콘(Mikohn)사가 허리케인 존(Hurricane Zone)이라는 이름으로 세계최초의 미스터리 프로그레시브 잭팟(Mystery Progressive Jackpot)을 소개하였습니다. 1986년에 IGT사가 소개한 멀티 사이트 프로그레시브 잭팟(Multi Site Progressive Jackpot)은 IGT사가 제작한 '메가벅스(MegaBucks)'라는 동일한 슬롯머신을 링크하여, 연결된 슬롯머신 중에 랜덤한 머신에서 제일 먼저 잭팟 심벌이 나오면 잭팟 금액을 해당 머신에게 전달하는 방식이었습니다. 물론 다른 제조사나 IGT의 다른 모델의 슬롯머신은 멀티 사이트 프로그레시브 잭팟(Multi Site Progressive Jackpot)에 적용될 수가 없었습니다.

항공 엔지니어였던 존 에이커스(John Acres)는 서로 다른 슬롯머신들과 통신하는 기법을 발명했고 더불어 서로 다른 슬롯머신을 링크해서 랜덤하게 정해진 잭팟 금액에 제일 먼저 도달한 슬롯머신에게 해당금액을 지불하는 미스터리 프로그레시브 잭팟(Mystery Progressive Jackpot)을 발명하였습니다.

미스터리 프로그레시브 잭팟(Mystery Progressive Jackpot)은 슬롯머신의 기종이나 제조사와 상관없이 전체 카지노의 머신을 모두 링크하여 천문학적인 잭팟 금액을 만들 수 있다는 점에서 큰 호응이 있었습니다. 이는 국내 강원랜드에서도 2000년대 중반부터 2013년까지 사용하던 모델과 동일한 모델입니다. 이후 존 에이커스(John Acres)가 만든 미코온(Mikohn)사는 IGT사에 합병되었습니다. 존 에이커스(John Acres)는 현재 에이커스 게이밍(Acres Gaming)사를 만들어서 인공지능(AI, Artificial Intelligence) 기반의 카지노 감독시스템 연구와 모바일 카지노 사업을 하고 있습니다.

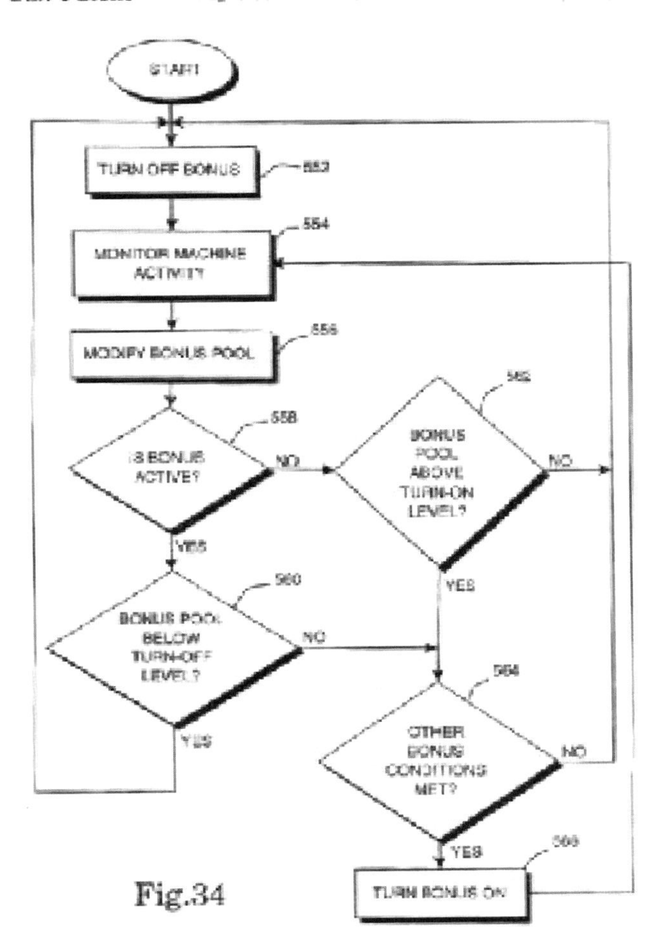

초기 잭팟 프로세스 원리 발명안

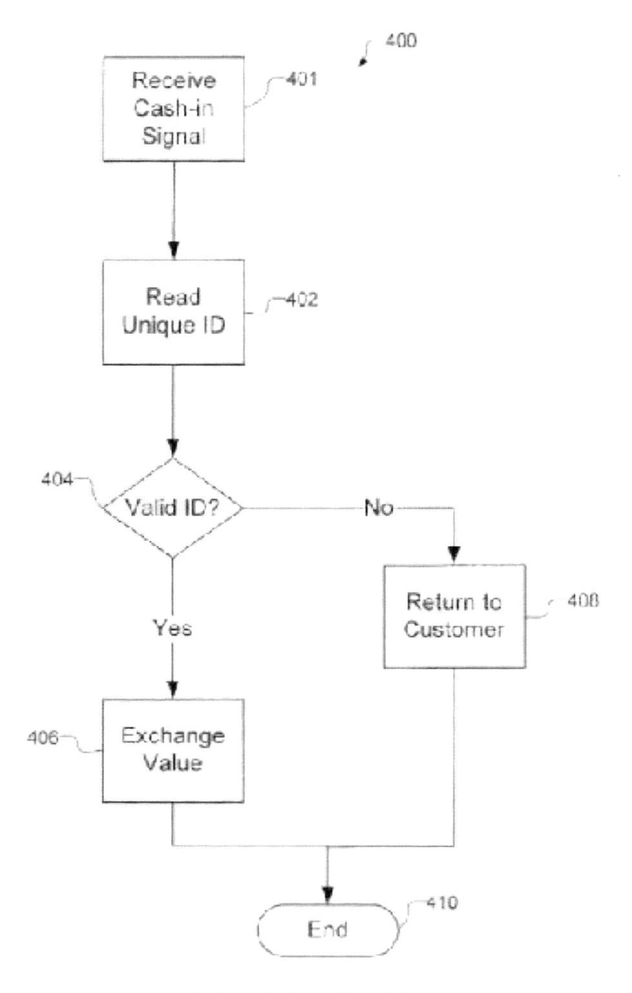

초기 티켓 차감 원리 발명안

1999년 IGT사는 또다시 슬롯머신 역사를 바꿀 기술을 가지고 나왔습니다. 단순히 종이 슬립에 찍혀 있는 바코드를 인식하여 머신에 투입되어야 할 금액을 크레디트 미터(Credit Meter)값으로 올려 주고 캐시아웃(Cash out) 버튼을 눌러 크레디트 미터(Credit Meter)에 있는 금액을 다시 바코드로 종이출력 시켜주는 방식입니다. 소위 TITO (Ticket-In Ticket-Out)라고 불리는 기술 방식으로 당시 이지 페이 (Ez-Pay)라는 이름으로 소개되었습니다.

TITO는 사람들이 즐기던 기존 슬롯머신의 플레이 방식을 완벽하게 바꾸어 놓았습니다. 복권이나 경마 등에서는 이미 도입되어 사용되던 티켓 지불방식이 뒤늦게 슬롯머신 영업장에 도입된 것입니다. 이전 글에서 언급한 것처럼, 지폐인식기가 장착이 되고 크레디트 플레이(Credit Play) 개념으로 게임을 하고 이내 캐시아웃(Cash out) 버튼을 누르면 기존의 동전이 아닌 해당금액만큼의 티켓(Ticket)이 발행되어 나오게 된 것입니다.

코인 프리(Coin-Free)라고도 불리는 TITO는 슬롯머신과 더불어 슬롯머신 관리시스템(SMS, Slot Management Systems)이 보편화되게 된 계기를 만들었으며 결국 슬롯머신 영업장에서 경쟁사인 밸리 (Bally)사가 최초로 시장에 도입하여 시장을 주도할 수 있었던 호퍼 (Hopper, 코인 배출기)가 사라지게 만들었습니다. TITO의 등장은 시스템의 고도화와 연결이 되었고 카지노에서 IT 직원들이 충원되기 시작한 시점입니다.

호퍼(Hopper, 코인 배출기)에 동전을 채워 넣고 빼서 계수해야 하는 등의 물리적 동전관리가 없어지고, 머신이 지불할 수 있는 금액 단위를 상향시켜서 관리 직원들이 머신에 기록된 크레디트 미터 (Credit Meter)에서 값을 초기화하는 캔슬 크레디트(Cancel Credit) 행위와 초기화된 금액만큼을 직접 현금으로 지불하는 핸드페이 (Handpay) 횟수가 줄어들게 되었습니다. 즉, 운영과 관리를 수월하게 할 수 있었습니다. 이것이 TITO의 장점입니다.

반대로 TITO의 단점은 확률적으로 이중 번호가 발행될 수 있기 때문에 해당 이중발행으로 인한 업무 방침이 반드시 필요하게 되었으며, 불법적인 현금을 다량의 고객 티켓으로 세탁하여 불법 자금을 세탁할 수 있다는 익명성의 문제입니다. 그렇기에 반드시 이를 방어할 수 있는 업무와 관리 방침이 뒤따라야 했습니다.

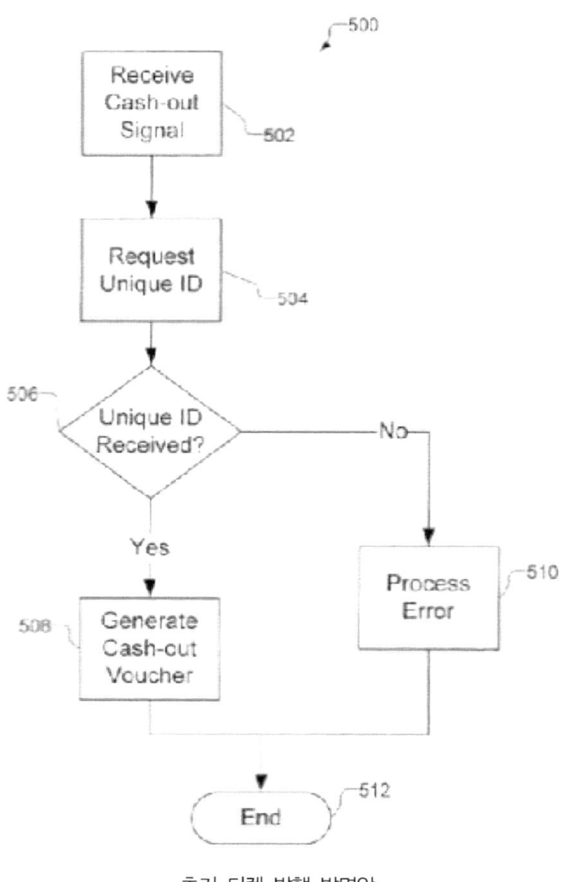

초기 티켓 발행 발명안

TITO 기술의 출시에 따라 플레이어가 슬롯머신에서 베팅할 수 있는 기본 권종을 선택할 수 있는 멀티 데노미네이션(Multi Denomination) 머신들이 함께 나오게 되었습니다.

거의 같은 시점 밸리(Bally)사의 '이 티켓(e-Ticket)'이라는 기술과 특허, MGM 카지노 특허 등이 종합되어 향후 2014년까지 IGT사의 이지 페이(Ez-Pay)와 같은 해당 솔루션을 사용하지 않더라도, 단순히 TITO 기능을 탑재하고자 하는 모든 슬롯머신 제조사들은 IGT사, 밸리(Bally)사, MGM사의 관련 지적재산권에 대한 라이선스 비용으로 슬롯머신 한 대당 미화 1,200~3,000달러를 지불해야 했습니다. 더하여 슬롯머신 관리시스템(SMS, Slot Management System)을 개발하는 소프트웨어 회사도 설치 슬롯머신 한 대당 미화 350달러를 지불해야 했습니다.

이전 글에서도 몇 차례 언급한 것처럼 다른 슬롯머신 제조업체와는 다르게 IGT사는 사업 초기부터 성장기까지 줄곧 관련기술 연구개발과 지적재산권 관리에 중점적 공략을 하여 지금 현재까지도 글로벌 선두기업의 위치를 유지할 수 있게 되었습니다.

TITO와의 유사한 시기에 미스터리 프로그레시브 잭팟(Mystery Progressive Jackpot)을 도안한 에이커스 게이밍(Acres Gaming)사가 슬롯머신 관리시스템(SMS, Slot Management System)의 플레이어 추적 모듈(Player Tracking System)을 연동한 카드 리더기와 플레이어 카드를 이용하여 장착하였습니다. 이를 통해 카지노 컴퓨터 서버에 기록된 해당 플레이어의 예치금을 슬롯머신으로 전자적으로 전송하여 예치시키거나 캐시아웃(Cash Out) 요청 시 또는 플레이어 카드

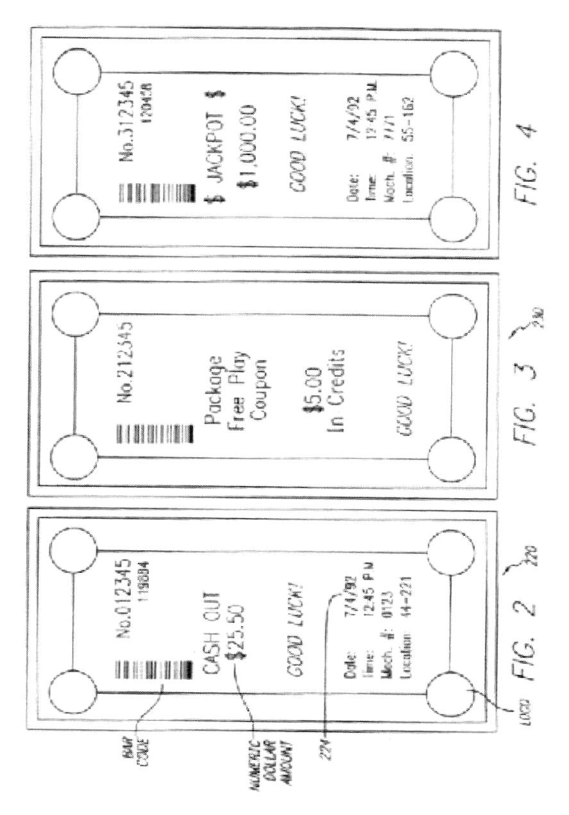

초기 티켓 디자인 발명안

제거 시에 해당 플레이어의 카지노 계좌에 크레디트 미터(Credit Meter)에 남아 있는 잔액을 전송하는 기술을 소개하였습니다.

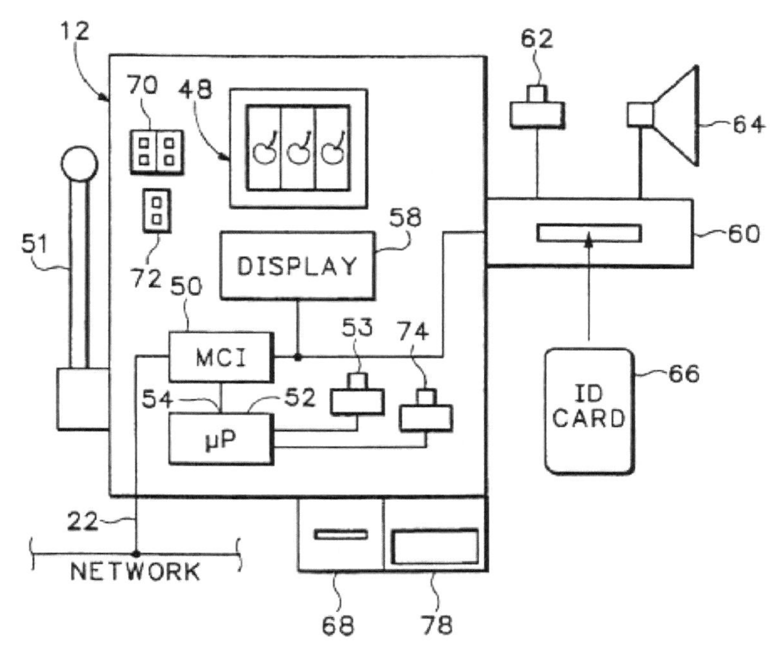

초기 캐시리스(Cashless) 발명안

카드 캐시리스 시스템(Card Cashless System)이라고 불리는 이 기술은 반드시 플레이어 카드를 슬롯머신에 삽입해서 게임 금액을 다운로드 하는 방식입니다. 이 기술은 현금의 흐름을 100%로 투명하게 볼 수 있다는 장점과 더불어, 해당 플레이어의 게임 금액, 게임 시간, 게임 횟수, 게임 승패, 현재 잔액까지 모두 알 수 있는 전자카드 방식으로 도박중독 방어나 제한적 도박을 허용하는 특정 카지노나 슬롯머신 영업장에서 현재 사용되고 있습니다.

플레이어가 자신이 사전에 예치하고 싶은 금액 내에서 게임을 제한적으로 즐길 수 있다는 장점이나 단점이 카지노 운영회사의 특성에 따라 제한적으로 선택되어 사용되고 있는 것입니다.

필자의 경험적 식견으로는 카드 캐시리스 시스템(Card Cashless System)을 우리나라 정책과 규제상황에 맞도록 보완 응용하여 국내 내국인 카지노나 경마장, 또는 바다이야기와 같이 사행성을 쉽게 조장할 수 있는 확률형 아이템 게임기의 통제와 관리를 실시간으로 중앙 집중적 방식으로 진행한다면, 복지 기금을 위한 사회 경제적 이익과 구성원의 피해 최소화를 균형 있게 가져갈 수 있다고 생각합니다.

온라인 카지노와 소셜 카지노 등장

2000년도 중반을 넘어서 유럽과 몇몇 남미 지역을 중심으로 온라인 인터넷기술의 발달과 퍼스널 컴퓨터의 높은 보급률로 온라인 카지노에는 새로운 개념의 슬롯머신들이 등장하기 시작했습니다. 초기 불법이냐 합법이냐의 논쟁과 더불어 그 위험성을 전제로 한 기존 카지노 산업과 충돌이 일어나기 시작했습니다. 그러나 언제나 그렇듯이 자유로운 사고방식과 선택적 문화를 즐기는 것을 개인의 자유라고 생각하는 유럽 국가들과 몇몇 경제적 문제를 안고 있는 남미의 국가들이 온라인 카지노의 문을 열어주기 시작했습니다.

슬롯머신의 역사 속을 채워왔던 슬롯머신 제조업체들도 기존 카지노 시장의 한계와 새로운 기술 환경에 도전하기 위해 IGT사, 밸리(Bally)사, WMS사, 아리스토크랫(Aristocrat)사 등 세계의 유수의 업체들이 온라인 카지노 사업이나 소셜 카지노에 맞게 자신들이 가지고 있는 게임 콘텐츠를 웹 환경으로 전환하게 되었습니다. 2017년 현재 현금을 환급하는 온라인 게임을 제외하고 단순히 랭킹 포인트만 지급하는 합법적인 소셜 카지노 게임으로만 약 100조 원의 시장을 이끌고 있습니다.

2014년 소셜카지노 시장 규모

다시, 카지노 영업장으로 돌아와서, 2000년대 말 카지노에서는 늘어나는 직원들의 인건비와 퍼스널 컴퓨터 환경에 적응된 새로운 젊은 플레이어 층의 등장으로 기존의 전통적인 테이블 게임을 전자적으로 구성하여 운영하는 전자테이블게임(ETG: Electronic Table Game)이 속속 등장하게 되었습니다. 기존의 전통적인 테이블 게임만을 고집하던 나이 많은 플레이어 층과 다르게 자신의 퍼스널 컴퓨터에서 다른 플레이어의 눈치를 보지 않고 혼자 조용히 터미널에 앉아서 베팅을 즐길 수 있다는 점은 새로운 젊은 플레이어들에게 매력적으로 다가왔습니다.

전자테이블게임 화면 예시

전자테이블게임에는 전통적인 카지노 테이블 게임인 바카라, 룰렛, 블랙잭, 다이사이, 홀덤포카 등이 게임의 테마가 되었습니다. 고사양의 컴퓨터 사양, 다양한 디자인의 터치스크린이 전자테이블게임시장에 화두가 되었습니다. 또한 소형 인식 센서 기술, UV 센싱 기술, 로봇 딜러기술 등의 발달로 인해서 기존의 아날로그 방식의 전통적인 카드나 주사위를 전자적으로 인식하여 게임의 결과를 디지털화하는 기술도 더불어 인기 있게 되었습니다.

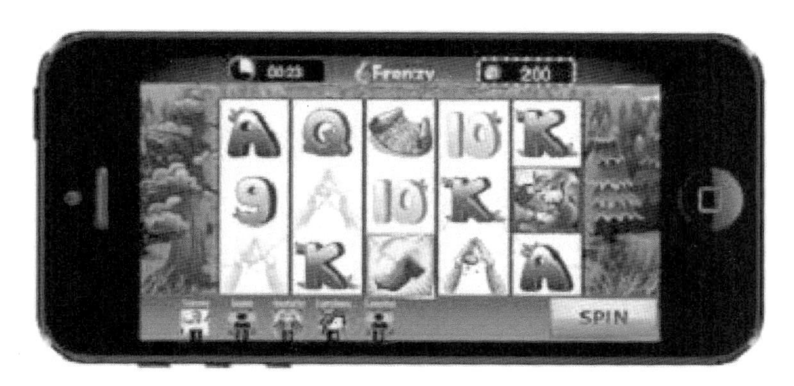

소셜 카지노 게임 화면 예시

최근 아이폰의 등장과 모바일 기술 환경의 변화, 새로운 젊은 플레이어 층의 선호 등, 기존 온라인 카지노와 다르게 단순한 카지노 모사 게임을 게임으로 즐기고, 현금 대신 게임포인트로 즐기면서 자신의 게임 능력을 SNS에 홍보하고 다른 친구들과 경쟁하는 새로운 게임문화가 등장하게 되었습니다.

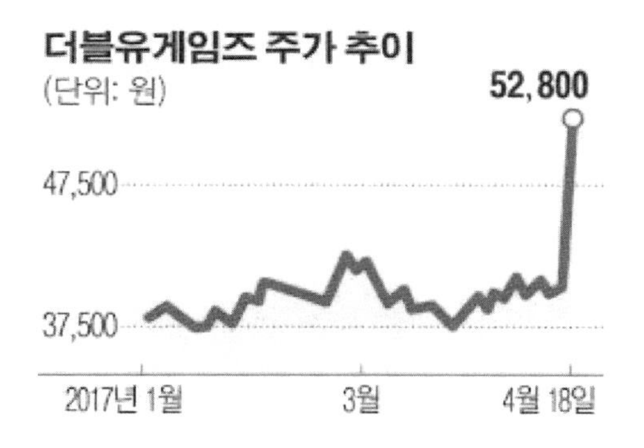

액면주가 대비 100배의 국내 대표 소셜 카지노

아이게이밍(iGaming)이라고 총칭하는 새로운 모바일 게임은 국내에서 소셜 카지노(Social Casino) 또는 웹보드 게임으로 불립니다. 국내에 소개된 더블유 게임즈사 역시 2013년 초기 페이스북을 기준으로 하는 소셜 카지노 슬롯게임 런칭에 성공한 후 2017년 IGT사가 보유하고 있는 더블 다운(Double Down)이라는 소셜 카지노사를 1조 원 규모로 합병하였습니다. 소셜 카지노는 현금 환급성이 없는 단순 카지노 모사 게임으로, 2017년 시장 규모가 120조 원에 연평균 성장률이 27%에 달하는 황금 시장입니다.

3. 역사는 미래의 한 장입니다

이렇게 130년 가까운 AWP(Amusement with Prize) 머신, EGM (Electronic Gaming Machine)이라고 불리는 슬롯머신의 역사는, 신에게 기원해야 하는 우연한 확률을 사람들에게 돈을 받고 시험해보게 하는 아주 수학적이면서 동시에 아주 수학적이지 않은 게임으로 변해왔습니다. 심지어는 복권도 비디오 로또 터미널(VLT: Video Lottery Terminal) 방식으로 슬롯머신 게임처럼 플레이 할 수 있게 되었습니다. 아이들이 핸드폰으로 즐기는 모바일 게임에도 확률형 아이템이라고 하는 AWP가 있습니다. 이처럼 여러 분야에서 사용되는 슬롯머신의 확률문제는 반드시 사회 전체 구성원의 안전을 위해 공개되고 철저히 감독 되어야 합니다.

IGT사나 밸리(Bally)사처럼 한 시대에 전 세계의 게임시장을 주도하고자 하는 기업들은 주변의 검증된 새로운 기술을 게임에 접목하여 보다 많은 사람들의 주목을 받고자 합니다.

처음 동전, 지폐, 수표, 은행 이체, 신용카드, 비트코인 등 통용되는 화폐가 바뀌면 슬롯머신에 투입하거나 지불하는 화폐 단위가 바뀌게 됩니다. TITO는 마치 은행의 수표처럼, 카드 캐시리스(Card Cashless)는 직불카드와 같은 단순한 원리입니다. 2017년 대한민국에서는 비트코인이 많은 주목을 받고 있습니다. 비트코인은 이미 몇몇 온라인 카지노와 일반 육상 카지노에서 통용되고 있습니다. 결국 누군가에 의해 비트코인과 슬롯머신, 비트코인과 모바일 카지노의 결제 시스템이 통용하게 될 것입니다. 그렇기에 이에 대한 감독 시스템의 고도화를 이루어 초기 시장의 피해자와 혼란을 최소화해야 합니다.

축음기나 라디오가 신기했던 1900년대 초, 리버티 벨(Liberty Bell) 머신은 그 세대 성인들이 즐길 수 있었던 신기한 놀이기구였습니다. 1980년대 흑백 브라운관에서 뉴스를 보던 그 세대 성인들이 즐길 수 있었던 신기한 놀이기구는 컬러풀하고 터치가 되고 요란한 사운드가 들리는 비디오 슬롯머신이었습니다. 1990년대 플레이스테이션에서 아니면 오락실에서 쭈그려 앉아서 철권과 테트리스를 하던 그 세대가 성인이 되어 즐기는 놀이기구는 혼자서 알아서 복잡한 메뉴 버튼을 터치하는 전자테이블게임입니다. 핸드폰으로 밤새 게임을 하고 리니지를 했던 젊은 성인들은 카지노나 성인오락실 보다는 온라인 카지노나 소셜 카지노를 좋아합니다.

주택복권과 로또가 유행하던 시절을 보낸 사람들은 쉽게 천문학적 금액의 잭팟에 쉽게 향수를 느낍니다. 하지만, 상대적으로 젊은 성인들은 자신이 게임을 얼마나 잘하는지, 다시 말해서 '신에게 얼마나 은총을 많이 받았는지'를 주변인들에게 알려 주고 싶어 합니다. 그래서 미국에서는 프로 겜블러들이 TV에 나와서 실시간으로 토너먼트 포커게임 대회에 열광하고, 유튜브에 자신이 게임하고 있는 장면을 실시간 방송으로 내보내기도 하고, 페이스북에 자신이 터트린 잭팟을 사진으로 찍어 올리기도 합니다. 실제 미국의 선상 카지노에서 현금성 있는 슬롯머신의 매출 못지않게 비현금성으로 자신의 게임 포인트 랭킹을 실시간으로 포스팅하는 모바일 슬롯머신 매출이 높습니다.

슬롯머신의 역사를 돌이켜 보면, 무조건 안 된다는 보수적인 규제 시절이 있었습니다. 불법적이더라도 사익을 추구하는 세력은 항상 존재하기에 오퍼레이션 벨(Operation Bell)이나 벨 프루트 껌(Bell-Fruit Gum) 머신도 당시의 기준으로는 불법적으로 유통되었습니다.

시대가 흐르고 인터넷 기술과 데이터베이스 보안 기술이 발전한 1990년대 이후, TITO와 카드 캐시리스(Card Cashless), 슬롯머신 관리시스템(Slot Management System)의 등장으로 건전한 규제가 가능해졌습니다. 불법적으로 슬롯머신을 변조하거나 배당확률을 속인다면, 슬롯머신 관리시스템(Slot Management System)에 기록된 투입금과 지불금의 반환율이 규제 기준을 초과하고, 자금을 탈루하거나 누락할 수도 없게 되었습니다.

미국, 유럽 28개국, 캐나다 등은 2013년 이후부터 현재까지 카지노의 슬롯머신과 더불어 비현금성 AWP 머신도 모두 중앙에서 모니터링 하는 기술을 제도화 및 시스템화 해나가고 있으며, 모바일과 인터넷 게임으로 얼룩진 사회 전체의 중독 문제를 해결하기 위해서 업계의 기술 표준화와 확률 검열에 박차를 가하고 있습니다.

현재 국내의 환경은 카지노 슬롯머신의 매출 관리를 수기 보고하는 체계이며, 확률은 지정 검정기관에서 수년 단위로 방문하여 검사

하는 피동적 검사 방식으로 운용되고 있습니다. 더욱이 바다이야기 사건 이후 문제가 되었던 확률형 경품오락기는 운영정보 표시장치라는 검침기를 생산 시 장착하도록 되어 있으나, 이는 시스템화 되지 않은 단순 계량장치로 실시간 사후관리가 불가능 합니다. 또한 국내 대형 게임회사에서 모바일 및 온라인 게임의 확률정보를 사유화했기 때문에 정부가 관리할 수 있는 법적 대책이 없는 실정이기도 합니다.

경제적 측면에서는 우리나라의 코텍사와 더블유 게임즈사처럼 게임기의 역사와 산업적 이해로 향후 글로벌 시장에서 요구하는 기술을 개발하여 수출하는 것이 우리나라 중소기업의 희망적 미래입니다. 그와 더불어 한류 콘텐츠와 게임 콘텐츠의 융합화, 중독예방 및 매출 관리감독 기술의 고도화를 통해 국내 게임 산업의 건전한 육성으로 관련 산업의 동반성장을 기대해 볼 수 있으리라 생각합니다.

인간의 놀이는 선하지도, 악하지도 않은 도덕적 규범의 영역 바깥이라고 규정한 한 인류학자의 말처럼, 합법과 불법의 이분법적인 논리나 규제보다는 좀 더 포괄적인 시야의 이해를 통한 건전한 놀이문화와 균형 잡힌 규제가 연구되어야 할 것입니다.

제2장

인간의 영역, '창작'

1. 슬롯머신 소프트웨어 구성

확률을 만들기 위한 인간의 영역은 '창작'입니다. 그 시대의 문화적 환경과 응용 가능한 기술을 기반으로 사람들의 흥미를 유발할 수 있는 창작물을 만들었습니다.

페이테이블(Paytable):

시트먼(Sittman)과 피트(Pitt)가 만든 초창기 포커게임머신은 페르시아에서 유래했다는 포커 카드의 우연히 나온 조합에 따라 맥주나

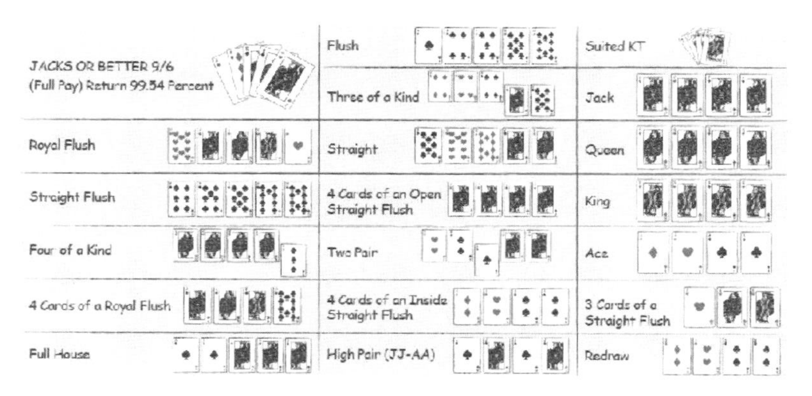

포커 페이테이블(Paytable) 예시

담배를 제공하는 단순한 게임이었습니다. 원래는 스페이드, 다이아몬드, 클로버, 하트의 각 13장씩, 총 52장의 카드 중에서 하는 것이지만 이들이 만든 머신은, 스페이드 10과 하트 Jack을 빼고 50장의 카드를 가지고 로열 플러시(Royal Flush)나 기타 조합의 확률이 플레이어에게 불리하게 확률을 조작한 게임입니다.

이처럼 특정한 심벌의 조합이 나오면 해당한 경품이나 금액을 제공하겠다고 표시하는 것을 '페이테이블(Paytable)'이라고 합니다.

SEVENS & STRIPES

1 COIN	2 COIN	3 COIN
2400	4800	10000
1199	2398	5000
200	400	600
100	200	300
40	80	120
20	40	60
10	20	30
4	8	12

슬롯머신 페이테이블(Paytable) 예시

주로 슬롯머신의 상단부 세컨드 스크린(Second Screen)에 표시되거나 '헬프(Help)' 버튼을 눌러서 확인해 볼 수 있습니다.

Denomination :

머신에 베팅을 하기 위한 기본 금액 단위를 '데놈(Denomination)'이라고 합니다. 국내 카지노에서는 보통 10원, 20원, 50원, 100원, 500원 단위로 구분하여 슬롯머신의 특성과 영업장 내부의 동선에 따

미화 10불 데놈의 슬롯머신 예시

라 배정합니다. 100원짜리 슬롯머신의 경우 '1 코인(Coin)'은 '1 크레디트(Credit)' 또는 '100원'을 의미합니다. 최근 슬롯머신들은 멀티데놈(Multi-Denomination), 즉 플레이어가 자신이 원하는 금액단위를 선택할 수 있는 기능을 지원합니다. 단, 멀티 데놈 슬롯머신의 경우 어카운트(Account Denom) 또는 베이스(Base Denom)라 불리는 회계를 위한 시스템 데놈이 있어, 플레이어가 선택한 데놈과 상관없이 그 값이 일정하게 유지되어 매출회계정보의 기준이 됩니다.

페이라인(Payline) :

최근 5개 릴을 이용한 슬롯머신들이 유행하면서 기존에 전통적인 수평선 모양의 싱글 페이라인(Payline)에서 수십 개의 지그재그 모양, 사다리 모양 등의 멀티 페이라인(Payline)으로 확장되었습니다. 이로 인해 한 게임의 최대 베팅 가능 금액이 수십 배로 상승하게 되었습니다. 그러나 슬롯머신의 배당확률이 멀티 페이라인(Payline)이라고 해서 싱글 페이라인(Payline)보다 플레이어에게 유리한 것은 아닙니다.

다만, 싱글 페이라인(Payline)에 비해 상대적으로 플레이어가 멀티 페이라인(Payline)에서 심벌 조합을 맞추는 확률이 높아 심리적으로 보다 많은 금액을 한 번의 게임에 베팅을 하도록 유도하는 것입니다. 즉, 싱글 페이라인(Payline)에 100원씩 100번을 하는 게임의 확률과 100 페이라인(Payline)에 100원씩 1번을 베팅하는 게임확률은 슬롯머신의 배당확률이 동일하게 설정되어 있다는 조건이라면 같은 확률이라고 보아야 합니다.

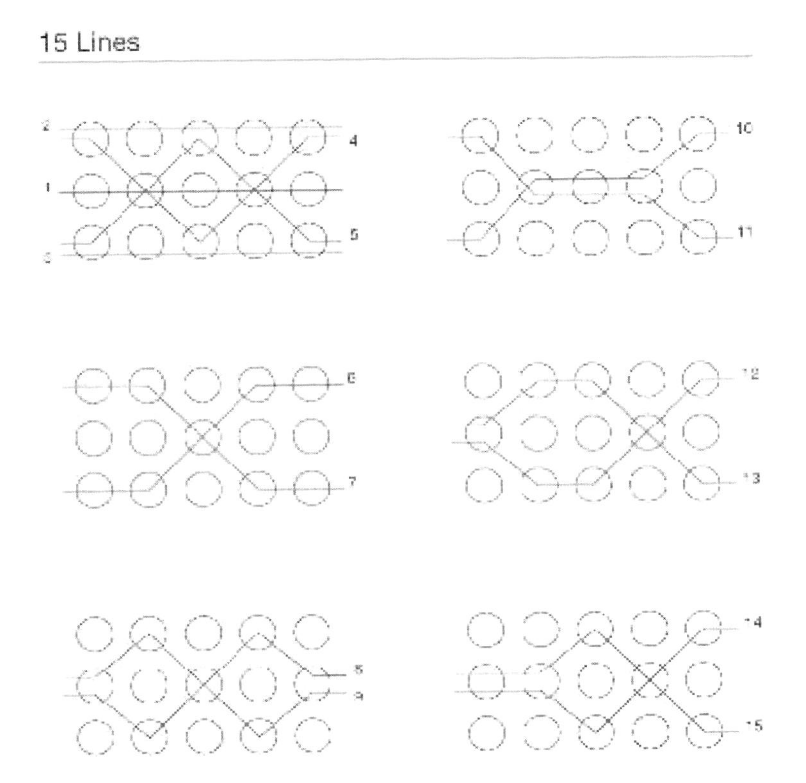

페이라인(Payline) 예시

플레이어들은 슬롯머신의 100 페이라인(Payline) 중에 1 라인에만 베팅을 하는 것을 심리적으로 나머지 99 페이라인(Payline)의 이길 확률을 포기한다고 인식하기 때문에 거의 모든 플레이어들이 한 번에 게임의 모든 페이라인(Payline)에 베팅을 합니다. 이처럼 1990년대 인간이 창작한 멀티 페이라인(Multi Payline)은 플레이어들이 되도록 빠른 시간 안에 가능한 많은 금액을 신의 은총의 영역인 확률에 도전하게 만든 자극적인 유혹입니다.

와일드 심벌(Wild Symbol) :

와일드(Wild) 심벌은 포커 카드에서 조커의 역할과 같습니다. 이는 슬롯머신 심벌 중 잭팟(Jackpot) 심벌, 스캐터(Scatter) 심벌, 멀티플라이어(Multiplier) 심벌을 제외한 나머지 심벌을 대체할 수 있습니다. 대부분의 슬롯머신은 동일한 페이라인(Payline)에 두 개 이상의 같은 심벌 조합이 나와야 해당 배당금이 지불됩니다. 다만 모든 게임에 와일드(Wild) 심벌이 표시되는 것은 아닙니다. 경우에 따라서 추가 보너스 게임(Free Game)에서만 표시되거나 특정한 릴에서만 표시되는 경우도 있습니다. 페이테이블(Paytable)에서는 와일드(Wild) 심벌과 해당 규칙을 확인해야 게임내용을 이해할 수 있습니다.

스캐터 심벌(Scatter Symbol) :

다른 심벌과 다르게 스캐터(Scatter) 심벌은 페이라인(Payline) 위치와 상관없이 두 개 이상이 전체 스크린 화면에서 표시되면, 추가 보너스 게임(Free Game)이 진행됨을 의미합니다. 표시된 스캐터(Scatter)

의 숫자에 따른 추가 보너스 게임의 무료 스핀 횟수가 달라집니다. 예를 들어 스캐터(Scatter)가 3개 나오면 무료 스핀 횟수가 20번인 추가 보너스 게임이 시작됩니다. 무료 게임 스핀이 끝나면 추가 보너스 게임에서 이긴 금액이 합산되어 크레디트 미터(Credit Meter)로 올라갑니다.

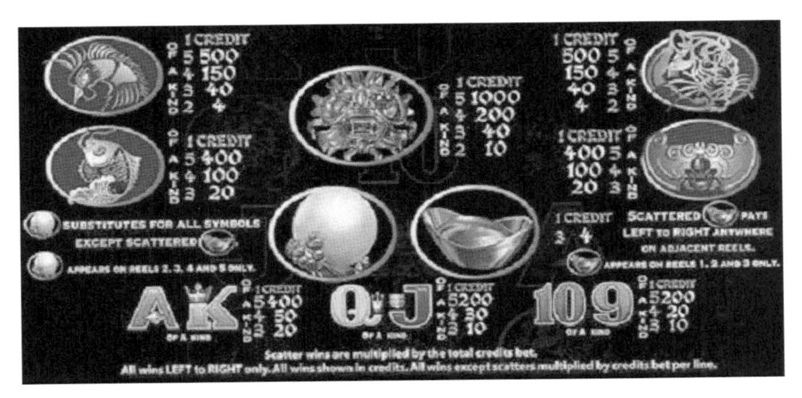

와일드(Wild) 및 스캐터(Scatter) 심벌 예시

릴(Reel) :

찰스 페이(Charles Fey)가 1895년에 만든 리버티 벨(Liberty Bell) 머신은 초창기 3개의 릴에 10개의 심벌 위치를 이용한 최초의 슬롯머신 입니다. 이 머신은 10의 3승의 확률로 1,000가지의 조합이 표현가능 했습니다. 이후 1963년의 밸리(Bally)사의 '머니 허니(Money Honey)'부터 1980년대 초까지 나오는 슬롯머신 역시 12개의 심벌 위치 또는 22개의 심벌 위치를 사용해서 각각 1,728개 조합, 10,648개 조합을 원통형 릴을 이용하여 만들었습니다. 하지만 특정

한 심벌의 조합이 맞으면 큰 금액을 지불하는 잭팟(Jackpot) 금액을 플레이어들이 매력을 느낄 만큼 천문학적으로 제시할 수 없었습니다. 또한 1,000가지 심벌 조합은 0.1% 확률로, 1,000번 게임을 하면 이론적으로 100% 플레이어가 자신이 베팅한 금액을 찾아올 수 있다는 의미가 되어 머신 제조업체나 운영업체로서는 상당히 리스크가 높았습니다.

슬롯머신 내부 릴 모양 예시

1984년 노르웨이 출신 수학자인 잉게 텔나즈(Inge Telnaes)가 개발한 '릴 정지 위치 선택용 랜덤 넘버 생성기를 이용한 전자게임 장비(Electronic Gaming Device Utilizing a Random Number Generator for Selecting the Reel Stop Positions)' 특허를 이용하여 IGT는 처음 전자적 방식의 릴을 개발하여 한 개의 릴 당 최대 256개의 심벌 위치 표현할 수 있도록 상용화 하였습니다. 그 결과 합법적인 방법으로 플레이어를 유혹할 수 있을 만큼의 천문학적 금액을 잭팟(Jackpot) 금액으로 제공할 수 있게 되었습니다. 물론 실질적인 당첨 확률도 수백만 분의 1 수준으로 떨어지게 되었습니다.

256의 3승은 16,777,216가지의 조합으로, 1달러 베팅으로 일백만 달러 잭팟의 기회를 제공하는 행운을 꿈꾸는 플레이어를 유혹하기에 충분했습니다. 1996년 5릴을 가지고 미국시장 공략에 성공한 아리스토크랫(Aristocrat)사의 경우는 이론적으로 256의 5승인 1,099,511,627,776가지의 조합을 만들 수 있어서 더욱 자극적인 확률을 플레이어에게 제공했습니다.

아리스토크랫(Aristrocrat)사의 5릴이 성공적으로 시장을 공략하자 대다수의 슬롯머신 제조사들은 앞다투어 5릴로 신제품을 출시하였고 현재 국내외의 슬롯머신은 거의 모두 5릴 구조의 배당이 높고 중독성이 높은 슬롯머신들로 대거 운영되고 있습니다.

PAR 시트(Sheet) (or PARS) :

확률 어카운팅 보고서(Probability Accounting Reports) 또는 페이테이블과 릴 스트립(Paytable and Reel Strips)으로 불리는 PAR 시트(Sheet)는 슬롯머신의 확률 및 지불규칙을 상세하게 적어 놓은 것입니다. 슬롯머신 제조사가 카지노에게만 제공하는 기밀정보로 대다수의 카지노는 해당정보를 비밀로 합니다.

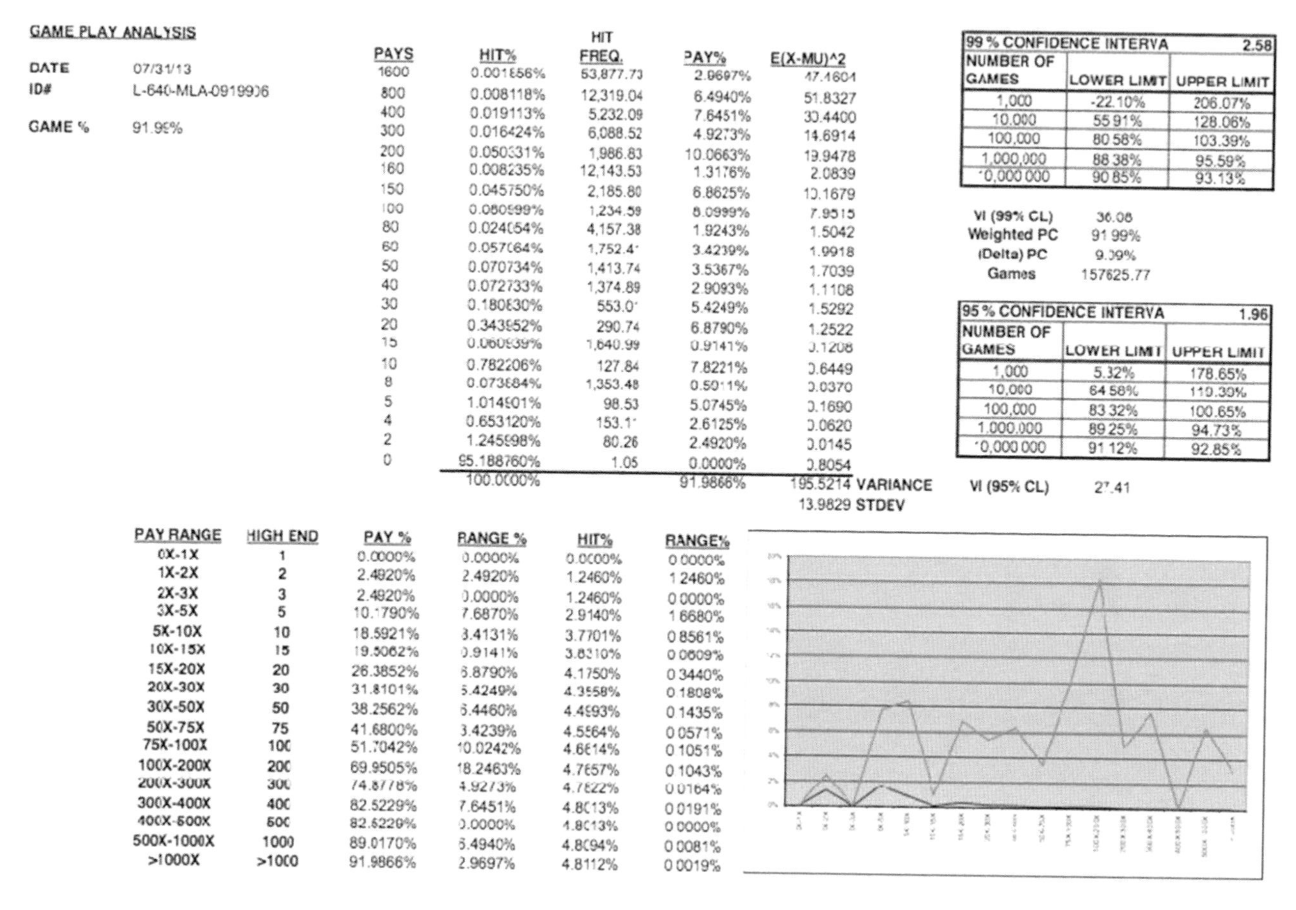

GAME PLAY ANALYSIS

DATE 07/31/13
ID# L-640-MLA-0919906

GAME % 91.99%

PAYS	HIT%	HIT FREQ.	PAY%	E(X-MU)^2
1600	0.001856%	53,877.73	2.9697%	47.4604
800	0.008118%	12,319.04	6.4940%	51.8327
400	0.019113%	5,232.09	7.6451%	30.4400
300	0.016424%	6,088.52	4.9273%	14.6914
200	0.050331%	1,986.83	10.0663%	19.9478
160	0.008235%	12,143.53	1.3176%	2.0839
150	0.045750%	2,185.80	6.8625%	10.1679
100	0.080999%	1,234.59	8.0999%	7.9515
80	0.024054%	4,157.38	1.9243%	1.5042
60	0.057064%	1,752.4	3.4239%	1.9918
50	0.070734%	1,413.74	3.5367%	1.7039
40	0.072733%	1,374.89	2.9093%	1.1108
30	0.180830%	553.0	5.4249%	1.5292
20	0.343952%	290.74	6.8790%	1.2522
15	0.060939%	1,640.99	0.9141%	0.1208
10	0.782206%	127.84	7.8221%	0.6449
8	0.073884%	1,353.48	0.5011%	0.0370
5	1.014901%	98.53	5.0745%	0.1690
4	0.653120%	153.1	2.6125%	0.0620
2	1.245998%	80.26	2.4920%	0.0145
0	95.188760%	1.05	0.0000%	0.8054
	100.0000%		91.9866%	195.5214 VARIANCE
				13.9829 STDEV

99 % CONFIDENCE INTERVA		2.58
NUMBER OF GAMES	LOWER LIMIT	UPPER LIMIT
1,000	-22.10%	206.07%
10,000	55.91%	128.06%
100,000	80.58%	103.39%
1,000,000	88.38%	95.59%
10,000,000	90.85%	93.13%

VI (99% CL) 36.06
Weighted PC 91.99%
(Delta) PC 9.09%
Games 157625.77

95 % CONFIDENCE INTERVA		1.96
NUMBER OF GAMES	LOWER LIMIT	UPPER LIMIT
1,000	5.32%	178.65%
10,000	64.58%	119.39%
100,000	83.32%	100.65%
1,000,000	89.25%	94.73%
10,000,000	91.12%	92.85%

VI (95% CL) 27.41

PAY RANGE	HIGH END	PAY %	RANGE %	HIT%	RANGE%
0X-1X	1	0.0000%	0.0000%	0.0000%	0.0000%
1X-2X	2	2.4920%	2.4920%	1.2460%	1.2460%
2X-3X	3	2.4920%	0.0000%	1.2460%	0.0000%
3X-5X	5	10.1790%	7.6870%	2.9140%	1.6680%
5X-10X	10	18.5921%	8.4131%	3.7701%	0.8561%
10X-15X	15	19.5062%	0.9141%	3.8310%	0.0609%
15X-20X	20	26.3852%	6.8790%	4.1750%	0.3440%
20X-30X	30	31.8101%	5.4249%	4.3558%	0.1808%
30X-50X	50	38.2562%	6.4460%	4.4993%	0.1435%
50X-75X	75	41.6800%	3.4239%	4.5564%	0.0571%
75X-100X	100	51.7042%	10.0242%	4.6614%	0.1051%
100X-200X	200	69.9505%	18.2463%	4.7657%	0.1043%
200X-300X	300	74.8778%	4.9273%	4.7822%	0.0164%
300X-400X	400	82.5229%	7.6451%	4.8013%	0.0191%
400X-500X	500	82.5229%	0.0000%	4.8013%	0.0000%
500X-1000X	1000	89.0170%	6.4940%	4.8094%	0.0081%
>1000X	>1000	91.9866%	2.9697%	4.8112%	0.0019%

PAR 시트(Sheet) 예시

사진 45의 샘플 PAR 시트(Sheet)는 국내외 카지노에서 배당률을 91.99%로 신고하고 운영 중인 한 슬롯머신 모델의 정보입니다. 플레이어가 베팅한 금액의 1,600배를 받을 수 있는 확률은 약 0.0018%입니다. 즉, 히트 주기는 대략 53,878번 베팅을 해야 한번 터지는 확률입니다. 일반적으로 한 게임당 평균 게임 소요시간을 6초로 산정하므로, 이론적으로 한 명의 플레이어가 잠도 안자고 89시간을 베팅을 해야 당첨되는 확률입니다. 반면, 베팅을 하고 아무런 배당을 받지 못할 이론적 확률은 약 95%, 즉 베팅을 할 때마다 산술적으로 돈을 잃게 되는 것입니다. 확률을 보면 신의 은총 없이는 슬롯머신에서 돈을 딴다는 것은 불가능한 영역으로 보입니다. 다만, 슬롯머신 제조사들이 플레이어가 돈을 잃고 있다는 느낌보다 잭팟을 터트릴 수 있다거나 이제 곧 신의 은총이 내려 행운이 찾아 올 것 같다는 꿈을 줄 수 있도록 인간의 창조 영역인 그래픽이나 효과 음향으로 지속적으로 자극하고 있을 뿐입니다.

국내의 카지노 영업 준칙에서 신고 된 배당률의 오차범위가 5%를 초과하는 경우, 신고를 자발적으로 하고 해당 머신의 운영을 멈추도록 규제하고 있습니다. 하지만, 샘플 PAR 시트(Sheet)에 표기된 99% 신뢰도 통계자료처럼 게임이 백만 번 플레이되기 전까지는 표준편차에 의한 오차범위가 대략 120%까지를 초과합니다. 즉, 일 가동률이 30%라고 가정한 경우 확률적으로 신규 슬롯머신을 설치하거나 RAM 클리어(Clear)(슬롯머신의 설정 및 미터 값 초기화)를 한 후 약 6개월가량은 정부에 신고한 배당률과는 관련 없이 플레이어에게 행운이 가거나 카지노에게 행운이 갈 수 있습니다. 하지만, 장기적인 측면에서는 신규 슬롯머신 설치 이후 카지노가 매출이 올랐다면 향후 1년 이내에 올랐던 수익만큼 플레이어에게 배당금이 지출될 확률이 높다는 통계적 예측을 필요로 합니다.

랜덤 넘버 생성기(Random Number Generator) :

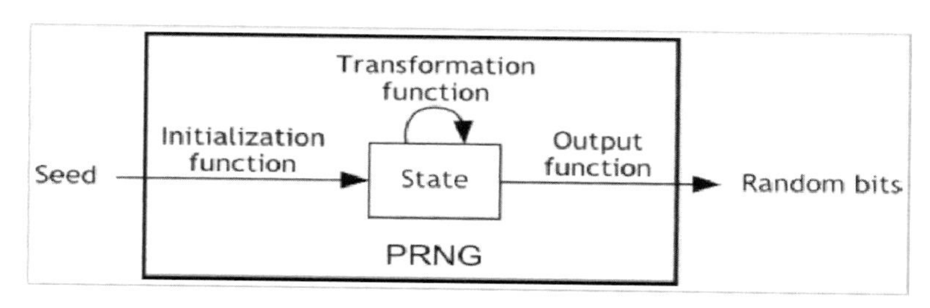

PRNGS 구조체 예시

랜덤 넘버 생성기는 모든 슬롯머신의 이피롬이나 플래시 메모리 칩 등에 내장되어 있는 확률 설정 소프트웨어 입니다. 국내 통용되는 사행성 슬롯머신이나 전자테이블게임 중 랜덤 넘버 생성기가 장착되어 있는 전자 기구는 반드시 지정된 검증기관에서 해당 확률에 대한 정합성 검사를 받아야 하며 운영 시에는 반드시 해당 이피롬이나 플래시 메모리 칩이 담겨 있는 부분은 잠금장치와 봉인을 해야 합니다. 대부분의 슬롯머신 랜덤 넘버 생성기는 가상 랜덤 넘버 생성기(Pseudo Random Number Generators)('PRNGS') 방식을 사용합니다. 슬롯머신은 일초에 수백 번에서 수천 번 랜덤한 임의의 숫자를 연속하여 만들어 냅니다. 게임 플레이 버튼을 누르자마자, 가장 최근에 만들어진 임의의 숫자를 게임의 결과로 컴퓨터 그래픽 처리하여 보여주는 것입니다. 이 방식은 게임이 시작되었을 때마다 게임의 결과가 다르고 1초 간격 비율로 결과가 다르게 나옵니다.

머신에서 사용되는 랜덤 넘버 생성기는 지속적으로 임의의 숫자를 만들어야 하기 때문에 반드시 고성능이어야 합니다. 경험이 많은 플레이어 경우는 임의의 숫자를 만들어 내는 주기가 짧은 랜덤 넘버 생성기를 쉽게 파악하여 다음 임의의 숫자를 예측하여 베팅을 하게 됩니다. 대다수의 슬롯머신들은 플레이어가 게임을 하지 않고 있는 경우에도 지속적으로 랜덤넘버를 생성하고 있도록 디자인되어 있습니다. 이는 슬롯머신을 프로그램한 직원이라도 다음 랜덤 번호를 예측하지 못하게 하기 위해서입니다.

호퍼(Hopper) :

1963년에 밸리(Bally)사가 출시한 '머니 허니(Money Honey)' 제품은 세계 최초로 배당금액에 따라 500개까지의 동전이나 토큰을 배출할 수 있는 새로운 개념의 슬롯머신이었습니다.

플레이어가 배당금을 직접 동전으로 내려 받을 수 있도록 호퍼(Hopper)에 일정한 금액을 미리 채워 넣는 행위를 호퍼 필(Hopper Fill)이라고 하고 일정한 금액을 수거하는 행위를 호퍼 컬렉션(Hopper Collection) 또는 호퍼 크레디트(Hopper Credit)라고 했습니다. 지금은 사용하는 카지노가 거의 없지만, 호퍼 필(Hopper Fill)이나 호퍼 컬렉션(Hopper Collection)을 하는 경우에는 해당금액을 수기로 적어 놓았다가 당일 회계 마감 시 해당금액을 적용했습니다.

호퍼(Hopper) 예시

호퍼(Hopper)에 지불할 동전이 없거나 부족한 경우는 슬롯머신에서 '운영자 호출(Call Attendant)' 또는 '핸드페이(Handpay)'라는 문구를 표시하고 알람음을 울려 주었습니다. 이렇게 슬롯머신이 직접 배당금을 지급할 수 있는 방법이 없거나, 지급한도를 초과하거나, 지급하지 말아야 하는 경우는 운영자가 직접 판단하여 지급할 수 있도록 '핸드페이(Handpay)'를 발생시켜 줍니다.

당시 베팅을 하기 위해 동전을 투입하던 행위를 관련 업계에서는 '코인 드롭(Coin-Drop)'이라고 했습니다. 당시 매출회계는 코인 드롭(Coin Drop) - (핸드페이 잭팟(Hand Pay Jackpot) + 호퍼 필(Hopper Fill))로 산정하였습니다. 1967년 인천 올림퍼스 카지노 호텔의 시작으로 생긴 현재 국내의 카지노 영업 준칙은 투입금에서 지불금을 제외한 금액을 매출액으로 산정하고 있습니다.

크레디트 플레이(Credit Play) :

1980년 이전 슬롯머신들은 싱글 페이라인(Payline) 게임으로, 한번 게임을 하기 위해서 동전 투입구에 해당 게임에 베팅할 금액만큼만 넣을 수 있었습니다. 왼손에 동전바구니를 잡고 오른손으로 동전을 동전 투입구에 넣고 레버를 잡아 당겨야 했습니다. 게임에 이기면 배당금이 호퍼(Hopper)를 통해 트레이(Tray)에 떨어지고, 지면 다시 동전바구니에서 동전을 잡아 동전 투입구에 넣어야 하는 번거로운 구조였습니다. 이러한 불편함을 1980년대부터 '크레디트 플레이(Credit Play)'라는 개념을 도입해서 개선하였습니다. 이제 모든 슬롯머신에 디자인 되어 있는 크레디트 미터(Credit Meter)는 플레이어가 게임을 하기 이전에 자신이 게임을 하고 싶은 만큼의 금액을 미리 투입하여 크레디트(Credit)를 구매하고, 구입한 크레디트(Credit)로 베팅을 하여 배당금을 다시 크레디트(Credit)로 환산하도록 하였습니다.

크레디트(Credit) 개념이 생긴 이후의 변화는 플레이어가 캐시아웃(Cash-Out) 버튼을 눌러 크레디트(Credit)에 있는 금액을 호퍼(Hopper)로 지불하고, 지불해야 하는 동전이 부족하거나 전혀 없는 경우 핸드페이(Handpay) 후 크레디트(Credit)를 '0'의 값으로 초기화 해주는 업무가 생겼습니다. 이를 '캔슬 크레디트(Cancel Credit)'라고 불렀습니다. '크레디트 플레이(Credit Play)의 개념이 생긴 후 매출회계(Net Win) 기준이 코인 드롭(Coin Drop) - (핸드페이 잭팟(Hand Pay Jackpot) + 캔슬 크레디트 핸드페이(Cancel Credit Handpay) + 호퍼 필(Hopper Fill))로 변경되었습니다.

이후 1990년대 중반에는 지폐인식기(Bill Validator)가 등장하였으며 동전을 투입하는 대신 지폐를 투입하여 크레디트(Credit)를 구매하기 시작했습니다. 물론 배당금은 호퍼(Hopper)를 통해서 동전으로 지급해야 했습니다. 그로 인해 매출회계의 기준(Net Win)이 (코인 드롭(Coin Drop) + 빌 드롭(Bill Drop)) – (핸드페이 잭팟(Handpay Jackpots) + 캔슬 크레디트 핸드페이(Cancel Credit Handpay) + 호퍼 필(Hopper Fill))로 변경되어야 했습니다.

1999년 IGT사가 개발한 TITO(Ticket-In/Ticket-Out)는 종이에 인쇄된 바코드를 시스템에서 인증하여 받은 금액으로 크레디트(Credit)를 구매하거나, 크레디트(Credit)에 남아 있는 금액을 시스템에 기록하고 티켓으로 발행하여 주는 당시에는 획기적인 기술이었습니다. 대부분의 카지노가 호퍼(Hopper)와 동전교환기를 영업장에서 철수시키고 TITO시스템을 도입하기 시작했습니다. 물론 티켓(Ticket)으로 발행할 수 있는 제한금액을 설정할 수 있어서 플레이어가 캐시아웃(Cash-Out)한 금액이 제한금액을 초과하는 경우는 티켓 아웃(Ticket-Out)이 되지 않고 핸드페이(Handpay)가 되었습니다. 또한 티켓의 이중발행이 일어나기도 하고 티켓이 발행 중 오류가 발생하여 파손되기도 하고, 오작동에 의해서 잘못 발행되는 예기치 못한 일들도 일어났습니다. 그에 맞게 당시의 매출회계기준(Net Win)은 (빌 드롭(Bill Drop) + 티켓 인(Ticket In)) – (핸드페이 잭팟(Handpay Jackpots) + 캔슬 크레디트 핸드페이(Cancel Credit Handpay) + 티켓 아웃(Ticket Out) + 분규(Disputes)/오작동(Malfunction))으로 변경되었습니다.

거의 동시에 '카드 캐시리스(Card Cashless)'라는 시스템이 존 에이커스(John Acres)에 의해서 소개되었습니다. 플레이어가 사전에 카지노계좌에 예치한 금액의 일부 또는 전부를 시스템을 통해서 슬롯머신에 투입하여 크레디트(Credit)를 구매하거나 지폐를 넣어서 크레디트(Credit)를 구매하고, 캐시아웃(Cash Out)을 누르거나 플레이어 트래킹 시스템에서 자신의 고객카드를 빼면 자동으로 자신의 카지노계좌로 크레디트(Credit)에 남아 있던 금액을 전자적으로 업로드 해주는 기술이었습니다. 해당 기술의 사용으로 매출회계 기준(Net Win)을 (빌 드롭(Bill Drop) + e펀드 인(eFunds In)) – (핸드페이 잭팟(Handpay JackPot) + 캔슬 크레디트 핸드페이(Cancel Credit Handpay) + e펀드 아웃(eFunds Out))으로 사용하였습니다.

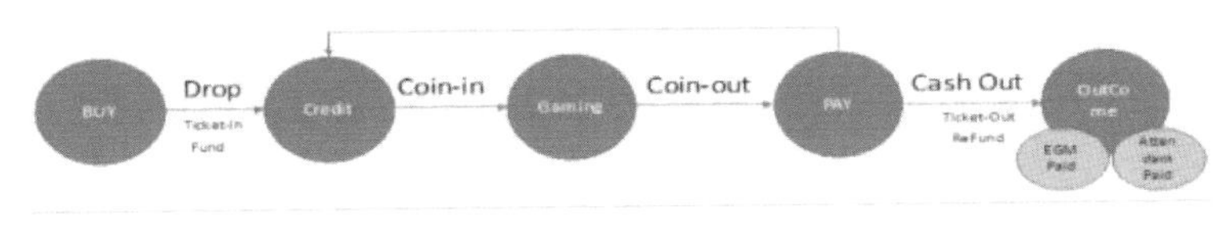

크레디트 플레이(Credit Play) 개념도

TITO나 카드 캐시리스(Card Cashless)의 보급으로 슬롯머신 관리 시스템(Slot Management System)이 고도화 되어 투입된 동전, 지폐, 티켓, 또는 전자전송금액(Fund)이 얼마의 크레디트(Credit)를 구매(Buy 또는 Drop으로 통칭)했는지 여부와, 크레디트(Credit)에서 얼마가 개별 게임에 베팅 되었는지(Coin-In), 개별 게임으로 인해서 크레디트(Credit)에 얼마가 추가 되었는지(Coin-Out), 잭팟(Jackpot)으로 인해서 얼마가 핸드페이(Handpay) 되었는지(Handpay Jackpot)를 시스템을 통해서 확인할 수 있게 되면서 매출회계 기준을 코인-인(Coin-In)-(코인-아웃(Coin-Out) + 핸드페이 잭팟(Handpay Jackpot))으로 구분하여 사용되고 있으며, 업계에서는 이 회계 방식을 머신 윈(Machine Win) 또는 스태티컬 윈(Statical Win)이라고 통칭하고 있습니다.

머신 윈(Machine Win) 또는 스태티컬 윈(Statical Win)은 기술적으로 슬롯머신에 종속적인 환경으로 슬롯머신의 설정과 관련 미터(Meter)를 초기화하는 램 클리어(RAM Clear)나, 전산환경 장애로 인한 시스템 오프라인, 슬롯머신이 가지고 있는 미터 값이 초과되어 초기화되는 미터 롤오버(Meter Rollover), 비현금성 크레디트(Credit)를 통한 무료게임 등에 의해서 발생되는 다양한 변수로 인해, 현재 국내 카지노 영업 준칙에서 규정하는 순 매출 개념인 매출회계 기준(Net Win)(총 투입액 - 총 지불액)이라고 불리는 방식과는 구분하여 관리해야 합니다.

클래스(Class) II 와 클래스(Class) III :

가끔 슬롯머신 브로셔나 관계 서적을 보다 보면 슬롯머신을 클래스(Class) II 또는 클래스(Class) III 타입으로 구분하여 기재하고 있습니다. 이 구분 방식은 주로 미국의 게이밍 시장에서 구분하는 방식입니다. 클래스(Class) II 타입의 경우는 주로 빙고나 복권추첨을 슬롯머신 게임과 유사하게 그래픽 처리하는 방식으로 확률이 정부가 통제하는 중앙 서버에 있고 각각의 머신은 온라인 네트워크로 연결되어 있는 서버 베이스(Server Based) 게임들입니다.

중국 VLT 영업장 예시

VLT(Video Lottery Terminal)라고 불리는 클래스(Class) II 타입의 머신들은 아직 국내에 도입되지는 않았지만, 인터넷 기술이 고도화된 2000년 초반부터 미국, 캐나다, 유럽, 중국에 걸쳐 널리 확산되고 있는 새로운 복권발매 방식입니다. 확률을 전달하거나 터미널과 시스템을 관리하는 방식은 미국의 관련 업계와 기관이 주도하는 GSA(Gaming Standard Association)에서 관련된 모든 관리 감독기술(G2S, S2S 등) 사양을 표준화하여서 운영하고 있습니다. 클래스(Class) II 타입의 머신들은 주로 전용 매장, 편의점, 술집, 라운지 등에서 운영되며, 확률을 복권위원회에서 관리하고 통제합니다.

반면 클래스(Class) III 타입은 카지노나 전통적인 슬롯머신 클럽 등에서 사용되는 슬롯머신으로 확률이 이피롬과 같은 비휘발성 메모리에 담겨서 개별 머신에서 작동하는 라스베이거스 스타일의 슬롯머신입니다.

게임의 기능(Game Features) :

많은 제조사들이 인간의 영역에서 창작할 수 있는 합법적인 범위의 새로운 게임 기능들을 계속 개발해서 플레이어들이 신의 은총을 시험하도록 유혹합니다.

페이테이블(Paytable)에 적혀있는 '멀티플라이어(Multiplier)'라는 의미는 베팅을 크게 가면 비례적으로 많은 지불금을 받을 수 있다고 유혹하는 것입니다. 예를 들어 100원 데놈 머신에서 1 코인(Coin)을 베팅하면 받을 수 있는 심벌의 배당금이 100,000원인데, 2 코인(Coin)을 베팅하면 동일 심벌의 조합이 나왔을 경우 200,000원을 배당 받을 수 있다고 표시하는 방식입니다.

잭팟 멀티플라이어(Jackpot Multiplier) 예시

또한 잭팟 멀티플라이어(Jackpot Multiplier)는 베팅금액이 증가함에 따라 가변적으로 잭팟 지불금액이 더 많아진다고 표현하는 방식으로 예를 들면 베팅금액이 100원 데놈 머신에서 1 코인(Coin)을 베팅하면 1,000,000원의 잭팟이 지불될 수 있고, 2 코인(Coin)을 베팅하면 3,000,000원의 잭팟 지불금액이 동일 심벌의 조합에서 다르게 지불될 수 있다고 하여 플레이어가 가능한 최대 베팅금액으로 신의 은총을 테스트해 보고 싶게 유도하는 방식입니다.

'바이 어 라인(Buy-A-Line)'은 페이라인(Payline)에 베팅을 추가하도록 유도하는 방식으로 예를 들어 한 게임에 베팅하기 위해 선택할 수 있는 30개 페이라인(Payline)의 최소 베팅은 1 코인(Coin)인데 각 라인별로 추가로 5 코인(Coin) 이상까지 복수 구매하여 베팅하도록 유도하는 방식입니다. 100원 데놈의 머신을 기준으로 금액을 환산해

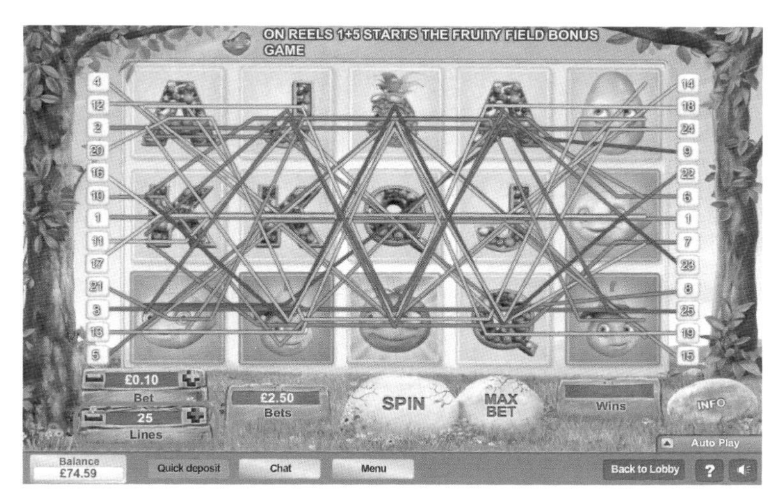

바이 어 라인(Buy-A-Line) 예시

보면, 원래는 30 X 1 X 100 = 3,000원인 반면에 '바이 어 라인'은 30 X 5 X 100 = 15,000원입니다.

게임 인 게임(Game-In-Game) 포천 휠 사례

'게임 인 게임(Game in Game)'은 종종 피처(Feature) 심벌 또는 스캐터(Scatter) 심벌이라고 표시된 심벌이 2개 또는 3개 이상 조합으로 주 게임의 결과가 나왔을 때 부 게임이 새롭게 시작되는 방식입니다. 1991년에 앵커 게이밍(Anchor Gaming)사에 의해 소개된 '실버 스트라이크(Silver Strike)'가 이에 대한 원조 슬롯머신 입니다 예를 들어 스캐터(Scatter)가 두 개 나오면서 일정금액이 윈(Win) 금액으로 표시가 된 후 화면에서 포천 휠이 나와 정지된 금액이 추가적으로 윈(Win) 금액으로 추가되는 형식입니다. 대부분의 슬롯머신 제조사들은 메인 디스플레이 상단에 위치한 디스플레이에서 게임 인 게임(Game in Game)을 작동시킵니다.

무료 게임(Free Games)(스핀스(Spins)) 사례

'보너스(Bonus)' 개념 역시 스캐터(Scatter) 심벌이나 특정 게임 심벌이 나오면 무료 스핀(Free Spin)이 추가되면서 해당 무료 게임에서

플레이어가 획득한 배당금을 전체 합산해서 크레디트(Credit)에 추가시켜주는 기능입니다.

커뮤니티 게임(Community Game) 사례

'커뮤니티 게임(Community Game)'은 링크된 여러 대의 슬롯머신 중 한 대에서 특정 심벌이 나오면 같이 연결된 대형 보너스 스크린에 보너스 게임이 시작되고 연결된 모든 슬롯머신의 플레이어가 함께 보너스를 각자의 머신에서 공유해서 진행하고 획득한 배당금을 나누어 크레디트(Credit)에 추가시켜 주는 기능입니다.

프로그레시브(Progressive) :

프로그레시브는 게임에서 베팅금액의 일정한 비율의 금액을 잭팟 미터(JACKPOT Meter) 또는 멀티플 미터(Multiple Meter)에 전환하여 적립하는 것을 통칭합니다. 이는 초기 잭팟(Jackpot) 시작 금액을 설정한 후 매번 베팅이 진행될 때마다 잭팟(Jackpot) 당첨 금액이 증가하게 되어 플레이어에게 유혹적인 매력으로 느껴지게 만듭니다.

단독형 프로그레시브(Stand-alone Progressive)의 경우는 다른 슬롯머신과 링크하지 않고 자체의 슬롯머신에 베팅된 프로그레시브 잭팟 금액을 모았다가 잿팟(Jackpot) 심벌이 조합되어 나오면 원래의 배당금과 함께 잭팟(Jackpot) 당첨 금액을 추가로 지불하는 방식입니다.

링크된 프로그레시브(Linked Progressive) 개념

링크된 프로그레시브(Linked Progressive)의 경우는 한 카지노 영업장에 있는 2대 이상의 동일한 슬롯머신을 동일한 프로그레시브 잭팟으로 링크하는 방식입니다. 링크된 슬롯머신 중 제일 먼저 잭팟(Jackpot) 심벌이 나온 슬롯머신에게 잭팟(Jackpot) 당첨금액을 추가로 지불하는 방식입니다.

미스터리 프로그레시브 잭팟(Mystery Progressive Jackpot)의 경우는 1997년 존 에이커스(John Acres)가 개발한 잭팟으로 2개 이상의 슬롯머신이 종류와 관계없이 연동하여 잭팟(Jackpot) 시스템이 랜덤 번호 생성기로 일정 범위 내의 금액 기준에 베팅적립금이 가장 먼저 도달한 슬롯머신에게 해당 잭팟(Jackpot) 당첨 금액을 지불하는 방식입니다. 미스터리 프로그레시브 잭팟(Mystery Progressive Jackpot)은 플레이어 트래킹 시스템과 연동하는 경우 잭팟(Jackpot) 적립과 배당을 특정 등급의 플레이어 그룹에게만 적용하도록 하여 카지노의 VIP 등급 이상의 고객전용 잭팟(Jackpot)으로 사용하기도 합니다.

광역 프로그레시브(Wide Area Progressive(WAP)) 또는 멀티 사이트 프로그레시브 잭팟(Multi Site Progressive Jackpot)은 IGT의 메가벅스(MegaBucks)가 원조입니다. 주로 슬롯머신 제조업체가 잭팟(Jackpot) 시스템을 운영하며 반드시 동일 프로그레시브(Progressive) 슬롯머신만 연결할 수 있습니다. 잭팟(Jackpot)이 히트 되면 슬롯머신 제조업체가 카지노를 대신하여 지불하게 됩니다. 연결된 카지노의 슬롯머신에 베팅되는 금액 중 일정비율이 WAP로 적립되며, 금액 중 일부는 잭팟(Jackpot)금액으로 지불되고, 일부는 제조사의 시스템 운영비로 지급됩니다.

전자테이블게임(Electronic Table Games) :

터치스크린과 디스플레이 모니터 기술의 발달에 따라 슬롯머신(Slot Machine)처럼 제조사별의 비밀스러운 확률이 아닌, 일반적으로 널리 알려진 게임의 확률인 바카라, 블랙잭, 룰렛, 크랩, 다이사이 등의 전통적인 테이블 게임을 전자적 환경으로 바꾸어 시장에 전자테이블게임(ETG, Electronic Table Game)으로 소개하였습니다. 국내 카지노에서 하이브리드(Hybrid) 머신이라고 통칭하기도 합니다. 대다수의 카지노가 하나의 전자테이블게임에서 바카라, 룰렛 등을 적극적으로 도입하였습니다. 다만, 아직 전자테이블과 슬롯머신의 운영개념이 혼용되어 있어 운영적 측면에서 혼선이 있습니다.

예를 들어 100원 데놈 슬롯머신의 경우
코인-인(Coin-in) 미터가 대비 콤프 포인트 지급률을 1%라고 가정하고,
이론적 홀드율(100%-배당률) = 6.5%이고,
코인-인(Coin-in) 미터가 총 100,000 크레디트(Credits)가 발생했다면,
총 콤프 포인트 지불금액은
100,000(Credit) X 100(데놈) X 1%(포인트 지급률)=100,000원,
이론적 홀드율 기준 매출발생은 100,000 X 100(데놈) X 6.5% = 650,000원,
재투자 비율은 100,000/650,000 = 15.3%

즉, 일반적인 국내 슬롯머신의 경우는 예상 매출의 15.3%를 플레이어의 재방문을 위해서 재투자하는 비용으로 산정하여 사용하고 있습니다.

전자테이블 머신 플레이어 트래킹 모듈 예시

만약 슬롯머신의 콤프 포인트 지급률 1%를 동일하게 바카라 전자테이블에 적용한다면,
이론적 홀드율은 '플레이어(Player)'를 기준으로 하는 1.24%로 가정하고,
100원 데놈의 100,000 크레디트(credit)와 동일한 10,000,000원의 코인-인(Coin-In) 미터가 상승되었다면,
총 콤프 포인트 지불금액은
100,000(크레디트) X 100(데놈) X 1%(포인트 지급률)=100,000원,
이론적 홀드율 기준 매출발생은
100,000 X 100(데놈)X1.24%= 124,000원으로
재투자 비율은 100,000/124,000= 약 80.1%으로,

벌어들이는 수익금의 80%를 플레이어 재방문을 위해 재투자하는 기형적인 포인트 정책이 발생됩니다.

전통적인 테이블 게임을 단순히 디지털화하는 경우에 발생될 수 있는 리스크도 있습니다. 전통적인 테이블은 주로 최대 7 핸디(플레이어)가 동시에 베팅에 참여 하는 것을 가정으로 하는 확률에 의해서 카지노의 리스크를 최소화하기 위해 테이블의 최대 베팅금액을 제한합니다. 최대 베팅액이라고 쓰인 금액의 통상 3배까지를 뱅커(Banker)와 플레이어(Player)의 총 베팅금의 차로 인정하거나 아예 디퍼렌샬(Differential) 금액과 최소 베팅금액만 정하고 최대 베팅금액은 적어놓지 않습니다.

반면 국내 몇몇 카지노의 경우, 전자테이블 터미널이 적게는 30대에서 많게는 80대가 설치되어 있으며, 터미널 개별 최소 베팅액은 1,000원 최대 베팅액은 1,000만 원선으로 설정되어 있습니다. 이에 대한 전자테이블 특성에 맞는 디퍼렌샬(Differential) 관리가 허술하여, 악의적인 플레이어의 부정적인 베팅을 방어할 수 있는 방법은 현재로서는 없습니다. 즉, 특정 플레이어 그룹이 전체 테이블 터미널 80대를 선점하여 최소 금액으로 베팅을 진행하다가 확률이 높다고 생각되는 바카라 또는 룰렛 이븐(홀짝, 또는 블랙 & 레드) 베팅에서 전체 베팅금을 최대로 올리는 경우 수십억 원의 베팅이 될 수 있어서 카지노의 주의가 필요한 실정입니다.

국내 전자테이블 머신 배치 예시

FEE GAMES :

국내의 거의 모든 카지노들은 슬롯머신을 직접 구매하여 운영하는 형태입니다. 그러나 일부 카지노에서는 슬롯머신을 구매하여 하지 않고 임대하여 운영하고 있습니다. 임대비는 운영하여 발생된 수익금의 일부를 지불하는 것입니다. 이전 페이지에서 설명 드렸던 WAP (Wide Area Progressive)에 연결된 슬롯머신들은 대부분 제조사가 소유하고 있는 대표적인 머신들입니다. 통상적으로 해당 머신에서 발생된 금액의 일부를 적립율로 협상하여 카지노가 제조사에게 지불합니다. 그 중 일부를 WAP 잭팟(Jackpot) 금액으로 플레이어에게 지불하고, 일부는 제조사의 머신 유지보수와 수익금으로 가져갑니다. 다른 방식의 FEE는 제조사가 제공한 슬롯머신을 기준으로 카지노가 해당 슬롯머신 매출금의 통상 20%를 제조사에게 지불하는 방식으로 이 경우는 참가 피(Participation Fee)라고 구분하여 부릅니다.

멀티 데놈(Mutli-Denomination)과 멀티 게임(Multi-Game) :

'MDMG'라고 통칭하는 멀티 데놈(Mutli-Denomination)과 멀티 게임(Multi-Game)은 한 머신에서 플레이어가 다양한 데놈을 선택하여 게임을 플레이할 수 있고 동시에 다양한 게임 타이틀을 제공하여 한 머신에서 좌석을 이동하지 않고 플레이어가 다양한 게임을 즐길 수 있다는 장점이 있습니다. 일반적으로 카지노는 플레이어가 선호하는 게임을 수요 예측하여 구매하기 어려운 경우, 멀티 게임을 공급한 후 플레이어들이 선호하면서 매출 이익이 많이 발생하는 게임 타이틀을 골라서 고정하는 방법을 선호합니다.

서버 베이스 게임(Server-Based Game) :

SBG라고 불리는 서버 베이스 게임은 국내 카지노 운영 준칙에서 적법한 근거를 찾을 수 없는 상황이어서 국내 도입이 미루어지고 있는 상황입니다. 다만, 해외의 경우, 슬롯머신의 콘텐츠(게임 테마) 교체나 관리의 유연성 때문에 화두가 되고 있는 방식으로, 기존의 슬롯머신의 하드웨어를 이용하여 'MDMG'보다 다양한 방식으로 운영할

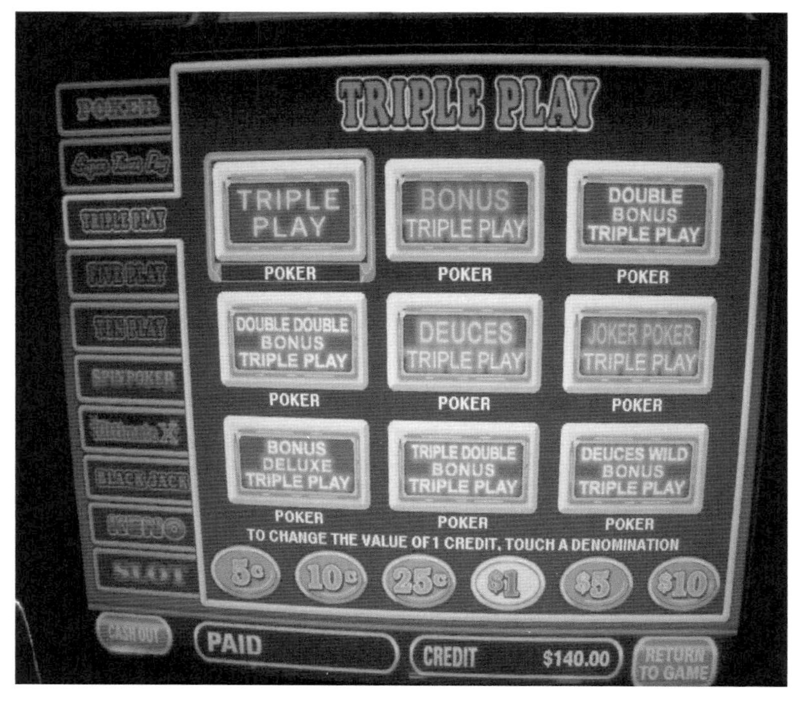

MDMG 슬롯머신 예시

수 있는 장점이 대두되고 있습니다. 다만, VLT(Video Lottery Terminal) 처럼 게임의 확률이 서버에 있는 방식이 아닌, 슬롯머신에 확률이 있으면서 서버에서 확률이 내장된 게임 테마를 머신으로 다운로드 받는 방식입니다. 국내 카지노 영업 준칙에서는 확률이 담겨있는 이피롬이나 게임 칩이 네트워크를 통해서 원격으로 재설정되는 부분을 허용하지 않고 있기 때문에 원격으로 확률과 게임 테마가 변경되는 서버 베이스 방식의 머신이 국내에 도입되기에는 조금 더 많은 연구 시간과 엄격한 관리체계의 사회적 협의와 보완이 필요합니다.

2. 슬롯머신 하드웨어 구성

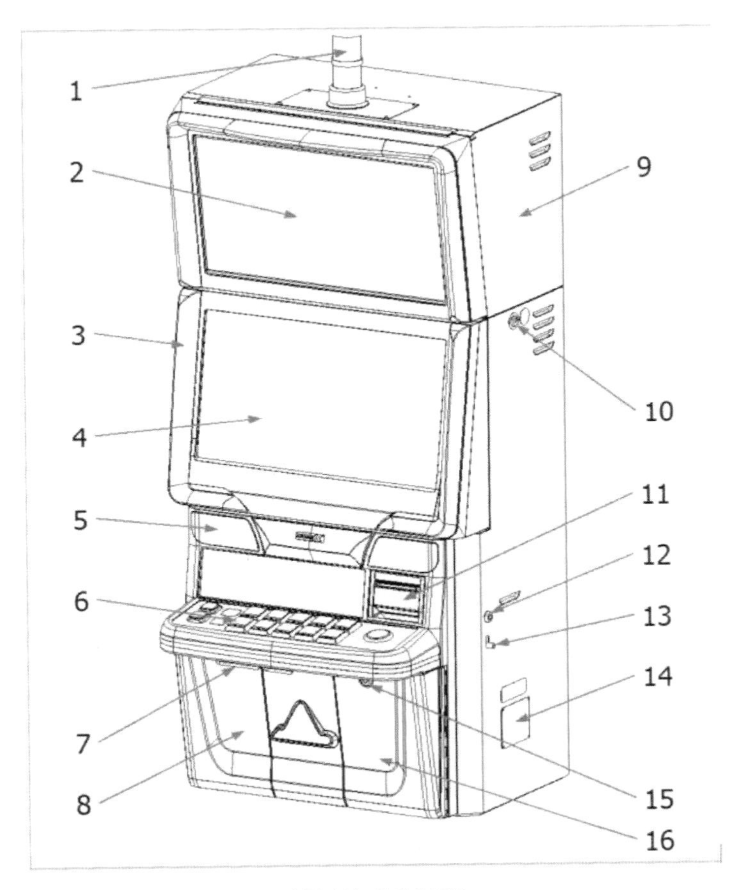

슬롯머신 캐비닛 구조

1. 타워 라이트(Tower Light): 캔들(Candle)이라고도 통칭되는 색깔이 들어 있는 조명 기구물입니다. 일반적으로 90도 각도로 직립되어 있는 슬롯머신의 구조와 2열로 군대식 배치를 하는 전통적인 라

스베이거스 카지노 영업장에서 머신의 상태를 쉽게 알아보고 서베일런스 카메라에서 해당 머신의 상태를 단순하게 모니터링 하는 목적으로 각기 다른 색깔을 조합하여 머신의 상태를 점등 또는 점멸하여 신호화 했습니다. 전통적인 방법은 맨 위의 색깔은 언제나 하얀색으로 표시하여 플레이어가 서비스가 필요한 시점을 점등하여 알려 줍니다. 점멸의 경우는 머신이 고장이 나거나 정상적이지 않은 경우를 표시합니다. 맨 아래의 색깔은 카지노마다 운영하는 권종을 색상화하여 표시합니다. 잭팟이 히트되거나, 머신의 도어가 열린 경우는 즉각적인 모니터링과 보안의 감독이 필요한 머신의 상태를 점등, 점멸의 방법을 혼용하는 방식입니다. 이를 컬러 코딩(Color Coding)이라고 통칭하기도 합니다.

2. 세컨드 디스플레이(2nd Display): IGT의 '실버 스트라이크(Silver Strike)'처럼 메인 디스플레이 모니터에서 특정 심벌(현재의 스캐터(Scatter), 피처(Features) 심벌)이 나오면 보너스 게임이 작동하던 방식을 WMS사가 최초로 상용화하였습니다. 전통적으로 페이테이블(Paytable)에 대한 안내와 페이라인(Payline)에 대한 안내, 심벌에 대한 안내들이 표시됩니다.

3. 어퍼 도어(Upper Door): 메인 도어(Main Door)라고도 통칭되며, 로직 박스(Logic Box) 등 슬롯머신의 주요 하드웨어들과 확률이 탑재되어 있습니다.

4. 퍼스트 디스플레이(1st Display) : 주로 터치스크린으로 구성된

메인 디스플레이 모니터입니다. 퓨처 코인(Future Coin Co.)사가 1976년 최초로 소니(Sony) CRT와 로직 보드(Logic Board)를 이용한 후, 현재는 코텍사와 같은 국내 중견기업이 전체 슬롯머신 시장을 거의 독점하여 수출을 하고 있을 정도로 기술력을 인정받고 있습니다. 특히 최근에는 곡선형 평면 LCD기술을 이용하여 전체 디스플레이에 휘어진 디자인을 제공하여 인기를 끌고 있습니다.

5. 스피커(Speaker): 슬롯머신 게임을 진행하면서 게임의 극적인 청각 요소를 만들기 위해 반드시 필요한 구성품 입니다. 특히 티켓이 출력될 때 전통적인 동전이 트레이(Tray)에 떨어지는 뜻한 가상사운드를 만들어 넣어야 플레이어들이 좋아하듯이, 제조사들은 게임의 많은 부분을 심리적 기대감과 만족감을 유도하는 가상사운드를 청각적 자극으로 사용하고 있습니다.

6. 컨트롤 패널(Control Panel): 1980년대 크레디트 플레이(Credit Play)의 개념과 아리스토크랫(Aristrocrat)사의 멀티 페이라인(Multi Payline) 개념, IGT사의 TITO 등장 등 전자적 환경과 관련기술의 발달로 플레이어들이 더 이상 고전적인 스프링 방식의 기어 레버를 잡아당기는 방식을 사용하지 않게 되었습니다. 페이라인(Payline)을 선택하는 버튼과 페이라인(Payline)별 베팅금액 배수를 선택하는 버튼, 직원들의 도움이 필요할 때 선택하는 버튼, 플레이어 설정한 베팅 버튼을 조합하여 자동으로 베팅을 계속하는 버튼, 캐시아웃 버튼 등으로 구성되어 있습니다. 최근에는 버튼 역시도 터치스크린에 의해서 디지털로 처리하는 슬롯머신도 등장하였습니다.

슬롯머신 버튼 구성

7. 하드 미터(Hard Meter): 카운터(Counter) 또는 메커니컬 미터(Mechanical Meter)로 통용되는 미터기 입니다. 주로 드롭(Drop) 금액, 코인-인(Coin-In) 금액, 코인-아웃(Coin-out) 금액, 핸드페이(Handpay) 금액, 잭팟(Jackpot) 금액 등을 표기합니다. 주로 8개 릴로 물리적으로 구성되어 있어서 9999,9999의 값이 넘어가는 경우 롤오버(Rollover)가 발생하여 회계적인 의미가 없으며, 몇몇 해외에서 반드시 부착하도록 되어 있기 때문에 사용하는 형식적인 의미 일 뿐입니다.

8. 벨리 도어(Belly Door): 로우어 도어(Lower Door)라고도 불리며, 주로 프린터, 지폐인식기(Bill Acceptor(Validator)), 전원장치, 호퍼(Hopper), 지폐수거함(Bill Stacker), 통신포트와 보드 등이 들어 있습니다.

9. 톱 박스(TOP BOX): 주로 세컨드 디스플레이와 관련된 주변장치와 톱 라이트(Top Light)와 관련된 전자적 주변장치들이 들어 있습니다.

10. 리셋(Reset)/오디트 키(Audit Key): 1980년대부터 크레디트 플레이(Credit Play) 개념을 도입한 후, 플레이어가 이긴 잭팟(Jackpot)

금액의 크레디트(Credit) 표시 제한, 캐시아웃 버튼을 눌렀을 때 자동 지불 제한금액 초과, 머신의 고장으로 잔여 크레디트(Credit)를 직접 플레이어에게 지불하는 경우 등과 같은 핸드페이(Handpay)가 발생하게 되었습니다. 직원들이 서류 근거를 남기고 현금을 플레이어에게 지급한 후 슬롯머신에 남아 있는 잔여 크레디트(Credit)를 '0'의 값으로 초기화(Reset) 할 때 사용하며, 동시에 슬롯머신의 운영이력을 메인 디스플레이 모니터에서 직접 확인하고자 하는 경우(Audit), 제조사가 지급한 별도의 물리적인 키를 사용합니다.

11. 지폐인식기(Bill Acceptor): 전 세계적으로 JCM사와 MEI사로 양분된 지폐인식기로 지폐의 위변조 여부를 확인하도록 구성되어 있으며, 동시에 TITO 이후 티켓의 바코드 번호를 인증받기 위해 잠시 티켓을 잡고 있다가 인증이 안 되면 투입을 거절하고 인증이 되면 지폐수거함(Bill Stacker)에 밀어 넣는 기능이 확대되었습니다. 위폐감지를 위해서는 제조사를 통해 공급받은 펌웨어를 지속적으로 업그레이드해야 합니다.

12. 벨리 도어 록(Belly Door Lock): 벨리 도어(Belly Door)의 자물쇠입니다.

13. 래치(Latch): 걸쇠 역할로 잡아 올려서 문을 열어야 합니다.

14. 시리얼 플레이트(Serial Plate): 모든 슬롯머신은 오른쪽 하단에 제조사, 제조일자, 머신의 일련번호가 출고와 함께 붙어 나옵니다. 다

만, 슬롯머신의 소프트웨어 설정에서 그 머신의 일련번호를 입력시키는 것이 옵션 사항으로 되어 있으며, 부주의한 일련번호 및 제조일자 관리가 악의적인 판매 행위로 오용될 수 있는 여지가 있습니다.

15. 지폐수거함 도어 록(Bill Stacker Door Lock): 지폐수거함의 자물쇠입니다. 주로 머신 벨리 도어(Belly Door)를 열며 다시 열어야 하는 자물쇠로 형태로 있습니다.

16. 지폐수거함 도어(Bill Stacker Door): 벨리 도어(Belly Door)를 열고 지폐수거함을 수거하기 위해서 별도의 자물쇠를 이용하여 열어야 하는 문입니다.

위의 구성에는 표기되지 않았지만, 머신의 확률(랜덤 번호 생성기)과 게임테마, 페이테이블(Paytable) 내용이 담겨있는 부분을 로직 박스(Logic Box)라 통칭하며, 로직 도어(Logic Door)로 개폐합니다. 국내 카지노 영업 준칙에서는 해당 슬롯머신의 운영 시에는 반드시 해당 지정 검사기관에서 검사 후 물리적인 봉인을 하여 운영하도록 규정하고 있으며, 봉인 해제를 임의적으로 하면 불법행위로 간주됩니다.
캐비닛(Cabinet)이라고 불리는 슬롯머신의 외장 구성은 주로 가늘고 기다랗게 선 업라이트(Upright) 타입, 짧고 통통한 슬랜트 톱(Slant Top) 타입, 점보머신처럼 크고 투박한 버사(Bertha) 타입으로 구분됩니다. 일반적인 슬롯머신은 거의 업라이트(Upright) 타입이며 국내에서 선호하는데, 전자테이블의 경우는 거의 슬랜트 톱(Slant Top) 타입입니다.

3. 슬롯머신 소프트 미터 (SAS 6.02 기준)

슬롯머신의 하드 미터(Hard Meter)라고 불리는 물리적 미터는 최대 5개 수준으로 제조사별 편차가 있습니다. 다만 소프트 미터(Soft Meter)라고 불리는 논리적 미터 값은 국제적으로 통용하여 사용하고 있는 SAS 6.02프로토콜을 기준으로 162개가 있습니다.

물론 제조사별로 선택적으로 사용하고 카지노나 관리감독 기관의 입장 및 슬롯머신 관리시스템(Slot Management System)에 따라 편차가 있습니다.

SAS 6.02규약에서 정하는 소프트 미터는 게임머신별, 게임별, 데놈별로 선택적으로 지원하도록 규정되어 있습니다. 다음은 슬롯머신에 담겨 있는 소프트 미터(Soft Meter)의 리스트입니다.

- Total coin in credits
- Total coin out credits
- Total jackpot credits
- Total hand paid cancelled credits
- Total cancelled credits
- Games played
- Games won
- Games lost
- Total credits from coin acceptor
- Total credits paid from hopper
- Total credits from coins to drop
- Total credits from bills accepted
- Current credits
- Total SAS cashable ticket in, including nonrestricted tickets (cents)
- Total SAS cashable ticket out, including debit tickets (cents)
- Total SAS restricted ticket in (cents)

- Total SAS restricted ticket out (cents)
- Total SAS cashable ticket in, including nonrestricted tickets (quantity)
- Total SAS cashable ticket out, including debit tickets (quantity)
- Total SAS restricted ticket in (quantity)
- Total SAS restricted ticket out (quantity)
- Total ticket in, including cashable, nonrestricted and restricted tickets (credits)
- Total ticket out, including cashable, nonrestricted, restricted and debit tickets (credits)
- Total electronic transfers to gaming machine, including cashable, nonrestricted, restricted and debit, whether transfer is to credit meter or to ticket (credits) Note: external bonus awards are metered as game win, and not as electronic transfers to gaming machine
- Total electronic transfers to host, including cashable, nonrestricted, restricted and win amounts (credits)
- Total restricted amount played (credits)
- Total nonrestricted amount played (credits)
- Current restricted credits
- Total machine paid paytable win, not including progressive or external bonus amounts (credits)
- Total machine paid progressive win (credits)
- Total machine paid external bonus win (credits)
- Total attendant paid paytable win, not including progressive or external bonus amounts (credits)
- Total attendant paid progressive win (credits) Total attendant paid external bonus win (credits) Total won credits (sum of total coin out and total jackpot) Total hand paid credits (sum of total hand paid cancelled
- credits and total jackpot
- Total drop, including but not limited to coins to drop, bills to drop, tickets to drop, and electronic in (credits)
- Games since last power reset
- Games since slot door closure
- Total credits from external coin acceptor
- Total cashable ticket in, including nonrestricted promotional tickets

(credits)

- Total regular cashable ticket in (credits)
- Total restricted promotional ticket in (credits)
- Total nonrestricted promotional ticket in (credits)
- Total cashable ticket out, including debit tickets (credits)
- Total restricted promotional ticket out (credits)
- Electronic regular cashable transfers to gaming machine, not including external bonus awards (credits)
- Electronic restricted promotional transfers to gaming machine, not including external bonus awards (credits)
- Electronic nonrestricted promotional transfers to gaming machine, not including external bonus awards (credits)
- Electronic debit transfers to gaming machine (credits)
- Electronic regular cashable transfers to host (credits)
- Electronic restricted promotional transfers to host (credits)
- Electronic nonrestricted promotional transfers to host (credits)
- Total regular cashable ticket in (quantity)
- Total restricted promotional ticket in (quantity)
- Total nonrestricted promotional ticket in (quantity)
- Total cashable ticket out, including debit tickets (quantity)
- Total restricted promotional ticket out (quantity)
- Number of bills currently in the stacker
- Total value of bills currently in the stacker (credits)
- Total number of $1.00 bills accepted
- Total number of $2.00 bills accepted
- Total number of $5.00 bills accepted
- Total number of $10.00 bills accepted
- Total number of $20.00 bills accepted
- Total number of $25.00 bills accepted
- Total number of $50.00 bills accepted
- Total number of $100.00 bills accepted
- Total number of $200.00 bills accepted
- Total number of $250.00 bills accepted
- Total number of $500.00 bills accepted

- Total number of $1,000.00 bills accepted
- Total number of $2,000.00 bills accepted
- Total number of $2,500.00 bills accepted
- Total number of $5,000.00 bills accepted
- Total number of $10,000.00 bills accepted
- Total number of $20,000.00 bills accepted
- Total number of $25,000.00 bills accepted
- Total number of $50,000.00 bills accepted
- Total number of $100,000.00 bills accepted
- Total number of $200,000.00 bills accepted
- Total number of $250,000.00 bills accepted
- Total number of $500,000.00 bills accepted
- Total number of $1,000,000.00 bills accepted
- Total credits from bills to drop
- Total number of $1.00 bills to drop
- Total number of $2.00 bills to drop
- Total number of $5.00 bills to drop
- Total number of $10.00 bills to drop
- Total number of $20.00 bills to drop
- Total number of $50.00 bills to drop
- Total number of $100.00 bills to drop
- Total number of $200.00 bills to drop
- Total number of $500.00 bills to drop
- Total number of $1000.00 bills to drop
- Total credits from bills diverted to hopper
- Total number of $1.00 bills diverted to hopper
- Total number of $2.00 bills diverted to hopper
- Total number of $5.00 bills diverted to hopper
- Total number of $10.00 bills diverted to hopper
- Total number of $20.00 bills diverted to hopper
- Total number of $50.00 bills diverted to hopper
- Total number of $100.00 bills diverted to hopper
- Total number of $200.00 bills diverted to hopper
- Total number of $500.00 bills diverted to hopper

- Total number of $1000.00 bills diverted to hopper
- Total credits from bills dispensed from hopper
- Total number of $1.00 bills dispensed from hopper
- Total number of $2.00 bills dispensed from hopper
- Total number of $5.00 bills dispensed from hopper
- Total number of $10.00 bills dispensed from hopper
- Total number of $20.00 bills dispensed from hopper
- Total number of $50.00 bills dispensed from hopper
- Total number of $100.00 bills dispensed from hopper
- Total number of $200.00 bills dispensed from hopper
- Total number of $500.00 bills dispensed from hopper
- Total number of $1000.00 bills dispensed from hopper
- Regular cashable ticket in (cents)
- Regular cashable ticket in (quantity)
- Restricted ticket in (cents)
- Restricted ticket in (quantity)
- Nonrestricted ticket in (cents)
- Nonrestricted ticket in (quantity)
- Regular cashable ticket out (cents)
- Regular cashable ticket out (quantity)
- Restricted ticket out (cents)
- Restricted ticket out (quantity)
- Debit ticket out (cents)
- Debit ticket out (quantity)
- Validated cancelled credit handpay, receipt printed (cents)
- Validated cancelled credit handpay, receipt printed (quantity)
- Validated jackpot handpay, receipt printed (cents)
- Validated jackpot handpay, receipt printed (quantity)
- Validated cancelled credit handpay, no receipt (cents)
- Validated cancelled credit handpay, no receipt (quantity)
- Validated jackpot handpay, no receipt (cents)
- Validated jackpot handpay, no receipt (quantity)
- In-house cashable transfers to gaming machine (cents)
- In-House transfers to gaming machine that included cashable amounts

(quantity)

- In-house restricted transfers to gaming machine (cents)
- In-house transfers to gaming machine that included restricted amounts (quantity)
- In-house nonrestricted transfers to gaming machine (cents)
- In-house transfers to gaming machine that included nonrestricted amounts (quantity)
- Debit transfers to gaming machine (cents)
- Debit transfers to gaming machine (quantity)
- In-house cashable transfers to ticket (cents)
- In-house cashable transfers to ticket (quantity)
- In-house restricted transfers to ticket (cents)
- In-house restricted transfers to ticket (quantity)
- Debit transfers to ticket (cents)
- Debit transfers to ticket (quantity)
- Bonus cashable transfers to gaming machine (cents)
- Bonus transfers to gaming machine that included cashable amounts (quantity)
- Bonus nonrestricted transfers to gaming machine (cents)
- Bonus transfers to gaming machine that included nonrestricted amounts (quantity)
- In-house cashable transfers to host (cents)
- In-house transfers to host that included cashable amounts (quantity)
- In-house restricted transfers to host (cents)
- In-house transfers to host that included restricted amounts (quantity)
- In-house nonrestricted transfers to host (cents)
- In-house transfers to host that included nonrestricted amounts (quantity)

4. 슬로머신 배치

슬롯머신의 배치개념은 구역(Area(Zone,존)) > 뱅크(Bank(Aisle,아일)) > 스탠드(Stand(Location,위치)) 순입니다. 대부분의 슬롯머신은 업라이트(Upright) 방식의 디자인으로 목재로 만든 스탠드(Stand) 위에 올려서 플레이어의 눈높이를 맞춥니다. 그리고 스탠드(Stand)마다 위치를 구별할 수 있는 식별번호를 구분하여 둡니다. 머신의 특정한 위치에 따른 영업실적을 확인하여 최대 매출조합을 만들기 위한 노력으로 머신 위치 이력에 따른 매출을 추적합니다.

스탠드(Stand)가 여러 개 모여서 특정한 문양을 만들어 그룹화 된 것을 뱅크(Bank)라고 합니다. 2000년대까지 군대식 배열인 2열 횡대를 유지했으나, 최근에 들어와서 라운드 모양, 럭비공 모양, 팔각형, 선형 등 여러 가지 모양을 기준으로 배치하고 있으며, 국내에는 영종도의 파라다이스 시티에서 처음 시도하였습니다.

또한 뱅크(Bank)는 인터넷 통신기술이 발달하기 이전 근거리 통신기술인 시리얼을 기반으로 통신할 때 통신 네트워크 구성단위로 사용되었습니다. 10년 전에는 슬롯머신 매출감독 시스템이나 잭팟 시스템을 구축할 때 뱅크(Bank) 내에 최대 127개의 머신을 직렬통신 개념으로 구축했기 때문에 한 대의 슬롯머신이 통신장애를 일으키면 한 뱅크(Bank)의 머신이 모두 멈추었던 시절도 있었습니다. 각 뱅크(Bank)에서 모집된 정보는 물리적으로 증폭기에 의해 신호가 증폭되어 구역(Area) 개념의 개별 서버로 전달되었습니다.

슬롯머신의 아이디를 명명하는 방식은 예를 들어 A번 존(Zone)의 03번 뱅크(Bank)에 8번 스탠드(Stand) 위에 위치하면 A0308이라고 명명하거나 A번 존(Zone)을 01로 식별하여 010308로 정했습니다.

남자 분들은 경험해 보셨겠지만, 남성 화장실에 소변대의 위치 배열에 따른 사용 빈도와 슬롯머신의 좌석점유 빈도가 유사합니다. 대체적으로 가장자리를 선호하며, 다른 플레이어가 있으면 가능한 멀리 떨어지려 합니다. 이런 가설을 기준으로 같은 테마의 머신이라도 배당률을 조금씩 달리하여 배치하는 것이 카지노 업체의 비밀스러운 노하우입니다.

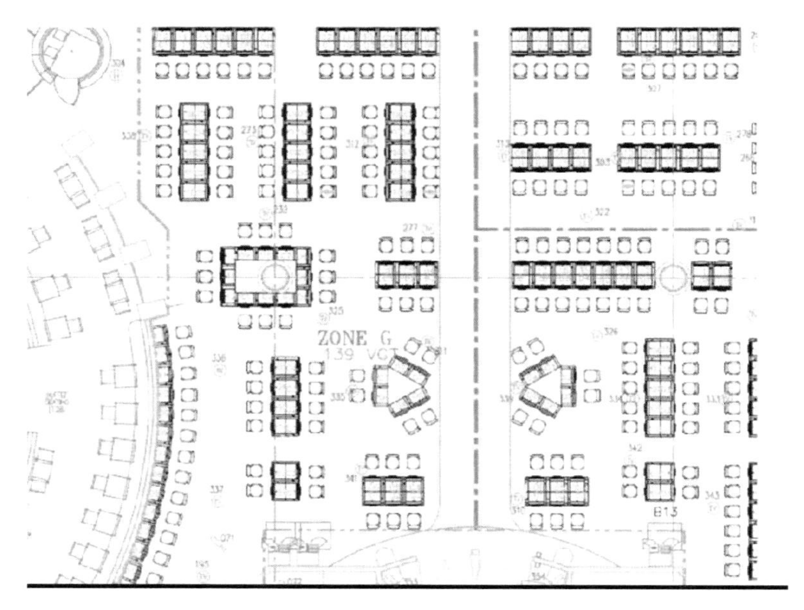

슬롯머신 배치도 사례

5. 통상적인 슬롯머신 매출 집계 기준

머신 윈(Machine Win)은

일반적으로 슬롯머신 시스템에서 슬롯머신에 장착된 소프트 미터(Soft Meter)를 기준으로 그 머신의 추정되는 매출을 집계할 때 사용하는 방법으로 코인-인(Coin-In) - (코인-아웃(Coin-out) + 핸드페이 잭팟(Handpay Jackpot))을 기준으로 합니다. 미터 윈(Meter Win) 또는 스테티컬 윈(Statical Win)으로도 불리며, 머신의 램 클리어(RAM Clear), 롤오버(Roll Over), 메모리장애로 인해 매출 데이터가 오류 값이 나올 수 있습니다. 머신 윈(Machine Win)은 액추얼 윈(Actual Win)의 마감 기준을 위해 편의상 단순하게 이용합니다.

액추얼 윈(Actual Win)은

일반적으로 네트 윈(Net Win)으로 불리는 순 매출 집계방식입니다. 카드 캐시리스(Card Cashless)를 사용하지 않고 TITO를 사용하는 카지노의 경우는 (빌 드롭(Bill Drop) + 티켓 인(Ticket In)) – (핸드페이 잭팟(Handpay Jackpots) + 캔슬 크레디트 핸드페이(Cancel Credit Handpay) + 티켓 아웃(Ticket Out) + 분규(Disputes)/오작동(Malfunction))을 기준으로 집계해야 하며, 이는 실물을 기준으로 시스템에서 제공하는 데이터와 확인하여 정산하는 마감 방법입니다. 국내 카지노 영업 준칙에서 요구하는 매출 기준과 동일합니다.

이론적 윈(Theoretical Win)

이론적 매출의 개념으로 매출동향 추이에 따른 예산 및 계획을 세울 때 사용하는 기준입니다. 주로 코인-인(Coin-In) 값을 제조사가 제공한 파 시트(PAR Sheet)에 기재된 이론적 배당률에 대비한 값(코인-인(Coin-In) X 이론적 배당률)입니다. 이론적 승률로 이해되는 이론적 윈(Theoretical Win)은 실제 액추얼 윈(Actual Win)이 슬롯머신의 배당률을 95%라고 하더라도 수천 번 이상 게임을 진행해야 편차가 적어지고, 그 이전에는 표준편차의 폭이 아주 크기 때문에 평균적인 매출 동향을 분석할 때 사용합니다.

홀드(Hold) %

전통적인 테이블 게임은 드롭(Drop) 금액에서 실제 테이블에서 얻은 게임 칩스를 대비하여 실제 홀드율을 잡습니다. 카지노업체의 사업 건전성이나 투자가치를 확인할 때 주로 투자회사들이 홀드율이나 드롭 금액 증감추이를 관찰하는 이유도 이런 전통적인 방법에서 온 것입니다. 대다수의 카지노 임원 분들이 테이블 게임을 운영하던 분들이라 테이블 게임처럼 슬롯머신도 홀드율로 매출의 추이를 관찰합니다. 액추얼 윈(Actual Win)/드롭(Drop)을 홀드율이라 합니다. 홀드율은 플레이어가 크레디트(Credit)를 구매하기 위해 지불한 금액(Drop) 중 회수하지 못하고 카지노가 수익화한 금액의 비율입니다.

또 다른 매출 추이 관찰 방식은 머신 윈(Machine Win)/코인-인(Coin-In) 또는 액추얼 윈(Actual Win)/코인-인(Coin-In)으로 각기 다른 의미를 전달합니다.

카지노 운영사의 입장에서는 가능한 플레이어들이 드롭(Drop)을 많이 하면 할수록 통계학적 확률로 수익이 배가 되기 때문에 다양한 프로모션을 통해서 플레이어가 지속적으로 신의 은총을 테스트하도록 유도합니다.

머신 제조사에서 제공한 파 시트(PAR Sheet)에서 확인할 수 있듯이 대부분의 슬롯머신은 수백만 번의 게임이 진행되어야 이론적 배당률의 편차가 좁아집니다. 그러한 이유로 실제 게임으로 인한 홀드(Hold) %는 카지노가 신고하는 이론적 배당률(대략 92% 내외)에 대비한 8%가 아니고 20%~30%에 집계됩니다. 이론적 배당률의 차이값과 실제 홀드(Hold) %가 크게 차이가 나는 이유는 플레이어들이 배당을 받은 금액을 반복하여 베팅하기 때문입니다. 즉, 1회 게임에 대한 이론적 배당률 또는 반환율(RTP: Return to Player)을 누적하여 반복하면 플레이어가 결국 드롭(Drop)한 금액 대비 캐시아웃 하는 금액이 70~80%에 해당하게 되는 것입니다. 대개는 0%가 되어 집에 돌아가야 합니다.

미국의 경우는 감독기관에 신고한 이론적 배당률을 근거로 하는 이론적 윈(Theoritical Win)과 실제 액추얼 윈(Actual Win)의 값이 3% 이상의 차이를 보이면 해당 슬롯머신의 영업을 정지하고 머신의 오류작동, 변조 등의 가능성에 대한 조사를 합니다. 국내의 경우는 카지노 영업 준칙에 의해서 이론적 배당률과 실제 배당률이 5% 이상 차이가 나면 머신을 정지하고 해당 기관에 카지노가 자진 신고하도록 하고 있습니다.

실제 인터넷기반과 기타 네트워크 환경이 발달한 지금은 미국이나 국내에서의 감독 기준은 의미가 없습니다. 이상적인 관리감독 방법은 각 슬롯머신에서 제공한 파 시트(PAR sheet)에 표기된 게임 횟수 구간별 표준편차의 수치 값을 한계치로 허용하고 실제 해당 머신이 신고한 편차를 실시간으로 모니터링 하여 허용범위를 초과하는 경우 해당 머신을 원격으로 정지시키고 조사할 수 있습니다. 예를 들어 95% 신뢰도에서 96%의 이론적 배당률로 설정한 슬롯머신의 경우 1,000번 게임을 했을 때 최대 120.74%, 최소 71.26%를 배당한다고 제조사의 파 시트(PAR sheet)에 고지되어 있습니다. 감독기관의 경우 해당 게임 횟수 구간과 최소 및 최대 편차 대비 신뢰도에 의한 수치를 감독 기준으로 선정하는 것이 오늘날 기술 환경에 맞는 감독 기준이라 할 수 있습니다. 만약 통상적인 개념으로 3~5%의 오차 허용범위를 기준으로 실제 조사한다면 국내외의 카지노 슬롯머신은 대부분

영업이 정지되어야 하는 현실입니다.

confidential level 95%

	Payout%	Range	Maximum	Minimum
1000	96.00%	24.74%	120.74%	71.26%
10000	96.00%	7.82%	103.82%	88.18%
100000	96.00%	2.47%	98.48%	93.53%
500000	96.00%	1.11%	97.11%	94.89%
1000000	96.00%	0.78%	96.78%	95.22%

게임횟수 구간별 슬롯머신 배당률 편차 예시

머신 가동율(Occupancy)은

대관 사업처럼 특정 장소에서 머신을 설치하고 시간당 얼마나 수익을 올리는지 확인하거나 신규 머신의 수익성, 플레이어의 선호도를 확인하고자 할 때 사용하는 기준입니다. 카지노마다 해당 기준을 다르게 선택하여 계산합니다. 네바다 주의 경우는 6초에 1번 게임진행이 가능하다고 기준하며, 대다수의 카지노에서는 10초에 1번 게임 진행으로 산술화 하여 계산합니다.

레이티드 % 오브 플레이(Rated % of Play)는

전체 코인-인(Coin-In) 금액과 고객 마일리지 콤프를 획득하기 위해서 플레이어 카드를 사용하여 게임을 한 고객들의 코인-인(Coin-In) 금액을 대비하여 플레이어 등급별 매출 기여도와 비중을 확인하는 방법으로 사용됩니다.

필자가 경험한 아시아 플레이어들이 선호하는 슬롯머신의 특징은 페이라인(Payline)과 Reel은 5릴 게임으로 50라인 이상의 사행성이 높은 단위 위주이며,
그래픽이나 테마는 주로 전설과 같은 신화에 나오는 동물들을 기준으로 하고,
배당금액의 변동폭(VI, Volatility)이 큰 머신을 선호하며,
히트 주기(Hit Frequency)는 낮은 머신을 선호하나 보너스 게임이나 잭팟을 통해서 큰 배당금을 받는 것을 선호합니다.
단, 소셜 카지노 게임의 경우는 배당금액의 변동폭이 낮으면서 히트 주기가 높고 카지노 슬롯머신에 비해 높은 배당 비율(비현금성이므로 가능)이 설정된 슬롯머신 게임을 선호합니다.

제3장

약속의 영역, '감독기술'

신의 은총을 테스트 해 보라고 유혹하는 인간이 만든 '확률이 들어가는 모든 게임'은 신뢰 받을 수 있도록 반드시 건전한 사회 조직에 의해서 투명하게 관리되어야 합니다. 사적인 이윤만을 추구하는 악의적인 사람들에게서 신의 은총을 매번 시험하고자 하는 유약한 플레이어들을 보호해야 합니다. 따라서 신의 은총을 시험하기 위해 게임의 제단에 플레이어들이 봉헌한 재물을, 가난하고 어려운 사람들에게 골고루 나누어 주어야 합니다.

누가 더 신의 은총을 많이 받을 수 있는지를 확인해 보고자 하는 인간의 기본적인 욕구를 이용하는 모든 확률형 게임에는 복권, 전자게임기(EGM, Electronic Game Machine), 아케이드 게임(AWP, Amusement with Prize), 슬롯머신(Slot Machine), 파친코(Pachinko), 인형 뽑기(Crane), 모바일 및 온라인의 확률 아이템 지급 게임 등이 있습니다. 이러한 게임은 그 종류와 형식 여부나, 사행성 여부와 관계없이 확률의 신뢰도에 대한 관리감독이 필요합니다.

도박중독은 부의 많고 적음에 따라 다르게 발생하지 않습니다. 신의 영역인 확률은 인간의 창작에 의해 조작되어 신의 은총을 믿는 사람들을 절망하게 만듭니다. 신의 사랑을 확인하지 못한 사람들은 그럴 리 없다고 신은 자신을 버리지 않는다고 반복하여 재물을 봉헌하고 시험합니다. 이는 부의 많고 적음과 관련 없는, 신의 사랑을 끊임없이 확인하려 하는 잘못된 인간의 심성일 뿐입니다.

파친코나 인형 뽑기, 바다이야기 같은 종류의 현금 환금성이 없는 아케이드일지라도 사람들은 인간의 본성에 끌려 신의 은총을 시험하기 위해 현금이라는 재물을 내놓고 신이 얼마나 자신을 사랑하는 지를 간절하게 확인해 보려 합니다. 어떤 사람들은 옛날 부패한 일부 제사장들이 그랬듯이 신의 은총의 영역인 확률을 조작하거나 유혹하여 그들의 재물을 사유화하려 합니다.

인류의 역사 속에 확률형 게임은 신의 존재를 확인하려는 인간의 본성과 함께 해 왔습니다. 앞으로도 어떤 방식이나 형태가 되었든 우리 사회의 한 문화로 존재해 나갈 겁니다. 음주와 도박을 금지하는 등 청교도적 문화가치를 제일로 생각했던 1900년대 초 미국에 있었던 리버티 벨(Liberty Bell) 머신도, 유교적 사고방식을 근간으로 했던 우리 조선시대에 있었던 윷놀이 문화도, 로마시대의 주사위 놀이 문화도 우리 인류 문화의 한 장입니다. 70년대에 존재했던 우리나라의 주택복권도 먼 이야기 같지만 서민들에게 1주일간 꿈을 주는 희망의 쪽지였습니다.

다만, 급속한 기술 환경의 변화에 맞는 게임의 종류와 사행성의 표현 방식이 다양하게 변화하여, 우리가 이를 통제하거나 규제하는 사회 시스템을 만들어나가는 속도를 맞추기가 어려울 뿐입니다.

우리가 대표적인 사행산업으로 치부하는 카지노와 그 관련 산업은 1931년 미국의 라스베이거스 경제 활성화를 위해 생긴 이후 채 100년이 되기도 이전에, 산업 전체의 존망이 달린 심각한 위기에 빠져 있습니다. 주변 기술의 변화와 다양한 확률형 게임이 생긴 이후, 더 이상 신의 은총을 확인하러 일부러 카지노에 오는 신규 플레이어들이 없어진 것입니다. 2015년 미국의 라스베이거스 카지노 통계로는 그들의 고객 평균 나이가 68세였다고 합니다. 해가 지나갈수록 평균 나이는 점점 더 높아지고 있습니다. 신규 고객이 확보되지 않으면 라스베이거스 카지노는 10년 이내에 더 이상 존재할 수 없게 됩니다.

어린 시절 라디오나 브라운관 흑백 TV를 보던 플레이어들에게는 너무도 신기하고 재미있는 확률형 게임기이지만, 닌텐도와 인터넷 문화, 모바일 문화에 익숙한 30~40대의 경제적으로 안정된 플레이어에게는 단순히 신의 은총을 확인할 수 있는 공간으로 굳이 카지노를 선택할 만큼 유혹적인 문화는 아닙니다. 결국 인터넷 서점이 대부분의 동네 서점을, 인터넷 신문이 대부분의 종이 신문을 역사 속에서 지워버렸듯이, 10여년 내에 지금의 카지노 산업 역시 그 원래의 모습을 지켜내지 못할 것입니다.

국내의 유일한 카지노, 즉 국가가 성인 국민에게 개별 국민의 취향에 따라 신의 은총을 확인해볼 수 있도록 허락한 유일한 카지노의 일 년 매출은 1.5조원 규모입니다. 반면 청소년과 20대들에게 익숙한 많은 게임회사들의 일 년 매출은 2~3조원을 쉽게 넘깁니다.

혹시 우리는 시대에 맞지 않는 오래전에 학습된 관념으로, 우리 문화 속에 항상 함께 해왔던 확률형 게임을 이분법적으로 단순히 사행성 여부만 해석하고 놓치지 말아야 할 소중한 것들을 잊고 있지는 않는지 절실히 생각해 보아야 합니다.

어차피 우리 문화 속에서 계속 지속되어야 한다면, 차라리 균형 잡힌 통제를 통해서 플레이어의 자유와 책임을 지켜주고, 건전한 제조사나 운영자를 지원 육성하면서, 악의적인 행위나 불법적인 이윤추

구를 제한하기 위해서 우리가 할 수 있는 일을 해야 합니다. 그 일은 데이터를 수집하여 신의 영역의 확률 범위에 있던 일인지, 신의 은총을 너무 맹신하고 누가 매일 재물을 소비 하는지, 어느 제사장이 헌금을 얼마나 모았는지, 세금은 제대로 걷고 있는지를 확인하고 우리 사회 안에서 선순환 될 수 있도록 감시하는 일입니다. 이는 비단 카지노만이 대상은 아니며, 모바일이나 온라인 확률형 게임도 그 대상이 되어야 합니다.

데이터를 수집하기 위한 가장 초보적 방법은 수기로 입력하여 문서화하는 방식입니다. 현재 국내의 카지노 영업 준칙에 의한 매출 집계 방식이나 게임 산업 진흥법에 의한 확률형 경품게임기 매출집계 방식도 원시적인 수기방식입니다. 데이터 수집을 자동화하고 사람의 입력과 악의적인 의도개입을 최소화하기 위해서는 통신기술이라는 인간의 약속을 이용하여야 합니다.

필자는 이 장에서 해외시장의 규모, 게임 세금, 통제 기준, 확률 인증, 국제적으로 약속된 통신규격의 종류와 그 내용을 소개하고자 합니다.

1. 세계 카지노 시장의 매출 규모

전 세계 카지노 시장은 그 정합성에 관계없이 보수적으로 집계된 2015년 해외 컨설팅 회사인 PwC 자료에 의하면, 전체 매출은 한화로 약 220조 원 규모입니다

그 중 아시아시장이 약 50%를 차지하는 100조 원 규모입니다. 국내의 집계된 매출은 3조 원 규모입니다. 국내 내국인 전용 카지노인

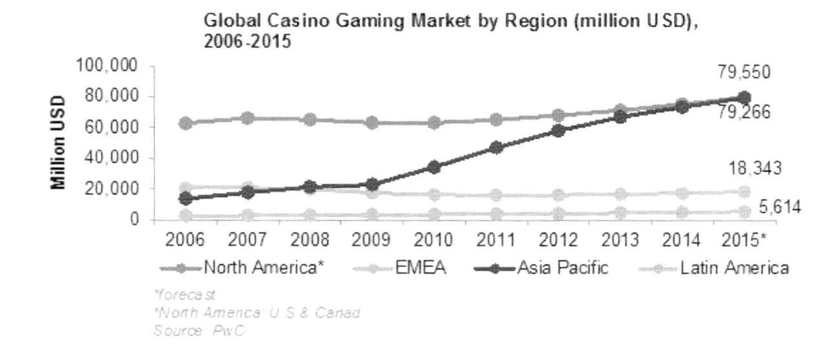

2015년 기준 전 세계 카지노 매출 규모

강원랜드의 매출을 제외한다면 대략 1.3조 원 규모의 매출이 순수하게 외국인들이 국내에서 카지노를 이용하여 획득한 금액입니다.

2013년 기준 전 세계 카지노 매출 분포도

매출에 대비해서 관리감독 기관에서 세금으로 징수하는 기준은 각 국가나 기관에 따라 다양합니다. 국내의 경우는 관광진흥법에 의거하여 관광진흥기금을 카지노의 비용을 제외한 순 매출금액의 대략 10% 규모를 기금 형태로 받고 있으며, 카지노에 부과되는 별도의 세금은 법인세를 제외한 게임세는 없습니다. 다만, 슬롯머신의 경우 주

게임 또는 보너스 게임과 관계없이 한 게임에서 획득한 금액이 200만원을 초과하여 배당받는 경우는 개별소비세를 대략 22%규모로 산정하여 플레이어에게서 징수하고 있습니다.

Table of summary of findings in selected (12) countries*

Jurisdiction	Responsible Gaming	Tax Regime	
	Age	Taxes paid by casino	Tax on winnings
***EMEA**: France*	18	10-80% of Gross Gaming Revenue	Yes
***EMEA**: Germany*	18**	Tax and levy system varies with revenues and can go as high as 90% of gross win.	No**
***EMEA**: UK*	18	Gaming duty, based on Gross Win, could vary between 15 and 40%.	No
***EMEA**: South Africa*	18	An average of 9.6% of Gross Gaming Revenue***; value-added tax on GGR; corporate tax of 28%	No
***Asia-Pacific**: Macau*	21	Fixed tax - 35% of the Gross Gaming Revenue; Variable - 2%-3%	No
***Asia-Pacific**: Singapore*	21	5% - 15% of Gross Gaming Revenue	Yes
***Asia-Pacific**: Australia*	18	10%-45%, depending on a territory	No
***Latin America**: Argentina*	18	16%	
***Latin America**: Chile*	18	20% of Gross Gaming Revenue; provisional monthly payment; entrance tax	No
***Latin America**: Mexico*	21	NA***	NA***
***North America**: USA*	18**	0.25% - 70%, depending on a state	Yes
***North America**: Canada*	18**	An average 20% of Gross Gaming Revenue	No

국가별 게임 세금 징수 조건 비교표

미국의 경우 최대 70%의 매출액 대비 게임세를 카지노에 부과하고, 마카오 최대 38% 부과, 호주 최대 45%, 영국 최대 40%, 독일 최대 90%, 프랑스 최대 80%, 필리핀 최대 35%를 상대적으로 비교해 본다면, 사행성 게임을 아주 보수적인 입장에 접근하는 국내 환경에서 10%도 안 되는 관광진흥기금 징수는 외국 자본 위주의 카지노 사업자들에게 너무 유리하게 되어 있는 기형적인 구조 입니다. 개별적인 플레이어들에게 배당금에 따라 세금을 징수하는 것은 프랑스와 미국, 싱가포르의 규정입니다. 국내의 경우는 이중 과세 금지 협약이 되어 있는 국가의 플레이어에게는 과세를 할 수 없어서 결국 반쪽자리 세금 징수 방식입니다.

국내 제주도 카지노 8개 중 파라다이스 그룹을 제외한 나머지 카지노는 일부 또는 전체 자본이 일본, 중국 등의 자본에 의해서 귀속되어 운영되고 있는 겉만 국내 카지노인 실정입니다. 그들이 한국을 찾는 첫 번째 이유는 '세금이 적다'입니다. 두 번째 이유는 '중국 시장이 가깝다'입니다. 세 번째 이유는 '감독 시스템이 허술하다'입니다. 결국, 중국에서 가장 가까우면서 세계 어디서도 볼 수 없는 저렴한 세금 기준에 초보적인 관리감독 기준만 만족시키면 되는 순진한 한국으로만 여겨질 것입니다.

2. 전자 게이밍 머신 세계 시장

EGM으로 총칭되는 전자 게이밍 머신 시장은 슬롯머신(Slot Machine), 전자 복권 터미널(VLT) 게임기, 확률형 경품게임기(Amusements with Prize), 파친코(Pachinko)와 파치슬롯(Pachislot), 전자테이블게임(Electronic Table Games)을 모두 포함하여 2016년 기준 7,870,643대로 보수적으로 집계되었습니다. 국내에 최소 500,000대 이상 유통되고 있는 확률형 경품게임기와 대만의 200,000대 규모의 확률형 경품게임기, 중국의 50,000대의 VLT 등은 각 국의 규정상 분류가 상이하여 집계에 포함되지 않았습니다.

2016년 현재를 기준으로 전 세계 10위 안에 전자게임머신 보유 국가는 1위 일본, 2위 미국, 3위 이탈리아, 4위 독일, 5위 스페인, 6위 호주, 7위 영국, 8위 캐나다, 9위 아르헨티나, 10위 멕시코 순입니다.

아시아 중동의 시장은 전반적으로 확장되고 있습니다.

Country	EGMs 2016	Slots	VLT	VGM	other *	EGMs 2015	EGMs 2014	% of world	% change 2015 to 2016	2016 population	persons per machine
Afghanistan	**0**					0	0	0%		33332025	
Armenia	**345**	345				345	490	0.004%	0%	3051250	8844
Azerbaijan	**0**					0	0	0%		9872765	
Bahrain	**0**					0	0	0%		1378904	
Bangladesh	**0**					0	0	0%		156186882	
Bhutan	**0**					0	0	0%		750125	
Brunei Darussalam	**0**					0	0	0%		436620	
Cambodia	**7660**	3326				3326	3076	0.10%	130%	15957223	2083
China	**0**					0	0	0%		1373541278	
China, Hong Kong Special Administrative Region	**0**					0	0	0%		7167403	
China, Macao Special Administrative Region	**13826**	13826				14578	13018	0.18%	-5%	597425	43
Cyprus	**4133**	4133				4030	2899	0.05%	3%	1205575	292
Georgia	**5562**					529	529	0.07%	951%	4928052	886
India	**478**	478				254	266	0.01%	88%	1266883598	2650384
Indonesia	**0**					0	0	0%		258316051	
Iran (Islamic Republic of)	**0**					0	0	0%		82801633	
Iraq	**0**	0				0	100	0%		38146025	
Israel	**0**	0				0	63 +	0%		8174527	
Japan	**4575545**				4575545	4597819	4511714	58.29%	-0.5%	126702133	28
Jordan	**0**					0	0	0%		8185384	
Kazakhstan	**379**	355			24	321	182	0.005%	18%	18360353	48444
Korea, North	**52**					52	52	0.001%	0%	25115311	482987
Korea, South	**2378**					1736	1697	0.03%	37%	50924172	21415
Kuwait	**0**					0	0	0%		2832776	
Kyrgyzstan	**0**					0	0	0%		5727553	
Laos	**500**					500	650	0.01%	0%	7019073	14038
Lebanon	**499**					499	602	0.01%	0%	6237738	12500
Malaysia	**3000**					3000	3000	0.04%	0%	30949962	10317
Maldives	**0**					0	0	0%		392960	
Mongolia	**0**					0	0	0%		3031330	
Myanmar	**338**					338	338	0.004%	0%	56890418	168315
Nepal	**164**					36	0	0.002%	356%	29033914	177036
Oman	**0**					0	0	0%		3355262	

Country	EGMs 2016	Slots	VLT	VGM	other *	EGMs 2015	EGMs 2014	% of world	% change 2015 to 2016	2016 population	persons per machine
Pakistan	**0**					0	0	0%		201995540	
Philippines	**17476**	17476				17478	10654	0.22%	-0.01%	102624209	5872
Qatar	**0**					0	0	0%		2258283	
Republic of China (Taiwan)	**0**					0	0	0%		23464787	
Saudi Arabia	**0**					0	0	0%		28160273	
Singapore	**4700**	4700				4700	4700	0.06%	0%	5781728	1230
Sri Lanka	**0**					0	0	0%		22235000	
Syrian Arab Republic	**0**					0	0	0%		17185170	
Tajikistan	**0**					0	0	0%		8330946	
Thailand	**0**					0	0	0%		68200824	
Timor-Leste	**0**					0	0	0%		1261072	
Turkey	**0**					0	0	0%		80274604	
Turkmenistan	**165**					165	165	0.00%	0%	5291317	32069
United Arab Emirates	**0**					0	0	0%		5927482	
Uzbekistan	**0**					0	0	0%		29473614	
Vietnam	**1084**					970	470	0.01%	12%	95261021	87879
Yemen	**0**					0	0	0%		27392779	

동남아시아의 경우 베트남, 캄보디아, 사이프러스, 조지아, 필리핀 등이 경제 활성화를 위해서 공격적으로 카지노나 전자 슬롯머신 영업장을 허가해주고 있습니다.

호주의 경우는 유럽이나 미국시장과 다른 독특한 시장으로 자체적인 제조사나 감독시스템을 보유하고 있는 시장입니다.

Country	EGMs 2016	Slots	VLT	VGM	other *	EGMs 2015	EGMs 2014	% of world	% change 2015 to 2016	2016 population	persons per machine
American Samoa	**0**					**0**	0	0%		54194	
Australia	**197122**	196768	354			**197105**	199829	2.51%	0.009%	24216900	123
Cook Islands	**0**					**0**	0	0%		9556	
Fiji Islands	**0**					**0**	0	0%		915303	
French Polynesia	**0**					**0**	0	0%		285321	
Guam	**0**					**0**	0	0%		162742	
Kiribati	**0**					**0**	0	0%		106925	
Marshall Islands	**0**					**0**	0	0%		73376	
Micronesia	**0**					**0**	0	0%		104719	
Nauru	**0**					**0**	0	0%		9591	
New Caledonia (French)	**368**	156		212		**368**	368	0.01%	0%	275355	748
New Zealand	**19444**	19204			240	**19405**	19543	0.25%	0.2%	4474549	230
Niue	**0**					**0**	0	0%		1190	
Norfolk Island	**0**					**0**	0	0%		2210	
Northern Mariana Islands	**106**					**99**	99	0.001%	7%	53467	504
Palau	**0**					**0**	0	0%		21347	
Papua New Guinea	**0**					**37**	86	0%	-100%	6791317	
Samoa	**0**					**0**	0	0%		198926	
Solomon Islands	**20**	20				**20**	110	0.0003%	0%	635027	31751
Tokelau	**0**					**0**	0	0%		1337	
Tonga	**0**					**0**	0	0%		106513	
Tuvalu	**0**					**0**	0	0%		10959	
Vanuatu	**316**	316				**246**	246	0.004%	28%	277554	878
Wallis and Futuna Islands	**0**					**0**	0	0%		15664	

아프리카의 경우도 경제 활성화와 외화수입을 위해 국가가 나서서 장려하고 있는 산업입니다.

Country	EGMs 2016	Slots	VLT	VGM	other *	EGMs 2014	EGMs 2013	% of world	% change 2015 to 2016	2016 population	persons per machine
Algeria	**0**					0	0	0%		40263711	
Angola	**200**					200	42	0.003%	0%	20172332	100862
Benin	**1133**					10	10	0.01%	11230%	10741458	9481
Botswana	**709**					626	626	0.01%	13%	2209208	3116
Burkina Faso	**1756**					0	0	0.02%		19512533	11112
Burundi	**16**					0	0	0.0002%		11099298	693706
Cameroon	**146**					146	132	0.002%	0%	24360803	166855
Cape Verde	**0**					0	0	0%		553432	
Central African Republic	**0**					0	0	0%		5507257	
Chad	**0**					0	0	0%		11852462	
Comoros	**0**					0	0	0%		794678	
Congo (Democratic Republic of)	**0**					160	160	0%	-100%	81331050	
Congo (Republic of)	**0**					0	0	0%		4852412	
Cote d'Ivoire	**997**					0	160	0.01%		23740424	23812
Djibouti	**120**					120	120	0.002%	0%	846687	7056
Egypt	**808**					652	752	0.01%	24%	94666993	117162
Equatorial Guinea	**241**					241	241	0.003%	0%	759451	3151
Eritrea	**0**					0	0	0%		5869869	
Ethiopia	**0**					0	0	0%		102374044	
Gabon	**0**					0	15	0%		1738541	
Gambia	**0**					0	3	0%		2009648	
Ghana	**338**					381	387	0.00%	-11%	26908262	79610
Guinea	**0**					0	0	0%		12093349	
Guinea-Bissau	**0**					0	0	0%		1759159	
Kenya	**551**					557	757	0.01%	-1%	46790758	84920
Lesotho	**121**					121	121	0.002%	0%	1953070	16141
Liberia	**30**					30	30	0.0004%	0%	4299944	143331
Libya	**0**					0	0	0%		6541948	
Madagascar	**190**					140	490	0%	36%	24430325	128581
Malawi	**420**					420	152	0.01%	0%	18570321	44215
Mali	**0**					0	0	0%		17467108	
Mauritania	**0**					0	0	0%		3677293	
Mauritius	**2629**	1783			846	496	496	0.03%	430%	1348242	513

Country	EGMs 2016	Slots	VLT	VGM	other *	EGMs 2014	EGMs 2013	% of world	% change 2015 to 2016	2016 population	persons per machine
Mayotte	**0**					0	0	0%		243646	
Morocco	**1255**					1255	1204	0.02%	0%	33655786	26817
Mozambique	**170**					170	170	0.002%	0%	25930150	152530
Namibia	**494**					492	514	0.01%	0.4%	2436469	4932
Niger	**280**					0	0	0.004%		18638600	66566
Nigeria	**182**					181	181	0.002%	0.6%	186053386	1022271
Reunion (France)	**176**					176	176	0.002%	0%	873356	4962
Rwanda	**76**	60			16	40	40	0.001%	90%	12988423	170900
Saint Helena	**0**					0	0	0%		7795	
Sao Tome and Principe	**0**					0	15	0%		197541	
Senegal	**396**					374	374	0.01%	6%	14320055	36162
Seychelles	**165**					135	135	0.002%	22%	93186	565
Sierra Leone	**0**					0	0	0%		6018888	
Somalia	**0**					0	0	0%		10817354	
South Africa	**35004**	24070			10934	33987	32525	0.45%	3%	54300704	1551
South Sudan	**0**					0	0	0%		12530717	
Sudan	**0**					0	0	0%		36729501	
Swaziland	**270**					274	285	0.003%	-1%	1451428	5376
Togo	**947**					0	0	0.01%		7756937	8191
Tunisia	**259**					275	424	0.003%	-6%	11134588	42991
Uganda	**129**					89	230	0.002%	45%	38319241	297048
United Republic of Tanzania	**445**					445	445	0.01%	0%	52482726	117939
Western Sahara	**0**					0	0	0%		587020	
Zambia	**90**					90	115	0.001%	0%	15510711	172341
Zimbabwe	**265**					330	604	0.003%	-20%	14546961	54894

유럽의 경우는 전통적으로 미국과 거의 유사한 사이즈의 시장입니다.

Country	EGMs 2016	Slots	VLT	VGM	other *	EGMs 2015	EGMs 2014	% of world	% change 2015 to 2016	2016 population	persons per machine
Netherlands	**37007**	710			2970	39146	41376	0.47%	-5%	17016967	460
Norway	**2750**					1002	1002	0.04%	174%	5265158	1915
Poland	**3388**					4101	7237	0.04%	-17%	38523261	11371
Portugal	**5467**					4137	4410	0.07%	32%	10833816	1982
Republic of Moldova	**3457**	3457				3548	3039	0.04%	-3%	3510485	1015
Romania	**58297**	58197				58197	58432	0.74%	0%	21599736	371
Russian Federation	**2137**					718	698	0.03%	198%	142355415	66615
San Marino	**0**					0	0	0%		33285	
Serbia	**19462**					19520	19520	0.25%	-0.3%	7143921	367
Slovakia	**23125**	5037		17774	314	23546	21379	0.30%	0%	5445802	231
Slovenia	**8213**	8213				8361	7034	0.10%	-2%	1978029	241
Spain	**212153**	3066			209087	216974	212153	2.70%	-2%	48563476	229
Svalbard and Jan Mayen Islands	**0**					0	0	0%		1872	
Sweden	**6020**	1117			4903	7614	7607	0.08%	-21%	9880604	1641
Switzerland	**4402**	4402				4455	4198	0.06%	-1%	8179294	1858
Ukraine	**0**					0	0	0.00%		44209733	
United Kingdom	**167839**					166809	165448	2.14%	1%	64430428	384

미 대륙의 경우는 북미 지역과 남미 지역이 고르게 성장하는 시장입니다.

Americas

Country	EGMs 2016	Slots	VLT	VGM	other *	EGMs 2015	EGMs 2014	% of world	% change 2015 to 2016	2016 population	persons per machine
Anguilla	**0**					0	0	0%		16752	
Antigua and Barbuda	**816**					690	672	0.01%	21%	93581	115
Argentina	**98717**					26619	25619	1.26%	285%	43886748	445
Aruba (Netherlands)	**3570**					3293	3451	0.05%	3%	113648	32
Bahamas	**1660**					1201	1451	0.02%	14%	327316	197
Barbados	**229**					75	75	0.003%	205%	291495	1273
Belize	**2247**					2247	2247	0.03%	0%	353858	157
Bermuda (UK)	**0**					0	0	0%		70537	
Bolivia (Plurinational State of)	**0**					0	0	0%		10969649	
Bonaire, Saint Eustatius and Saba (Netherlands)	**140**					0	60	0%	133%	24548	175
Brazil	**0**					0	0	0%		205823665	
British Virgin Islands	**0**					0	0	0%		34232	
Canada	**98902**	42263	34499	0	364	99742	97195	1.26%	2%	36286400	367
Cayman Islands	**0**					0	0	0%		57268	
Chile	**11057**					12639	12519	0.14%	-12%	17650114	1596
Colombia	**82528**					11361	10746	1.05%	668%	47220856	572
Costa Rica	**2777**					2617	2617	0.04%	6%	4872543	1755
Cuba	**0**					0	0	0%		11179995	
Curacao	**2329**					2998	2308	0.03%	1%	149035	64
Dominica	**0**					0	0	0%		73757	
Dominican Republic	**3516**					3828	3828	0.04%	-8%	10606865	3017
Ecuador	**0**					0	0	0%		16080778	
El Salvador	**100**					100	236	0.001%	-58%	6156670	61567
Falkland Islands	**0**					0	0	0%		2931	
French Guiana	**0**					0	0	0%		281409	
Greenland	**0**					0	0	0%		57728	
Grenada	**0**					0	0	0%		111219	
Guadeloupe (France)	**271**					250	250	0.004%	8%	395725	1460
Guatemala	**282**					282	472	0.004%	-40%	15189958	53865
Guyana	**300**					300	300	0.004%	0%	735909	2453
Haiti	**30**					30	30	0.000%	0%	10485800	349527
Honduras	**55**					55	55	0.001%	0%	8893259	161696

Country	EGMs 2016	Slots	VLT	VGM	other *	EGMs 2015	EGMs 2014	% of world	% change 2015 to 2016	2016 population	persons per machine
Jamaica	**6886**					6261	860	0.09%	701%	2970340	431
Martinique (France)	**214**					214	214	0.003%	0%	376847	1761
Mexico	**90000**				casinos	90000	90000	1.15%	0%	123160749	1369
Montserrat	**0**					0	0	0.00%		5267	
Nicaragua	**14133**					1133	1133	0.18%	1147%	5966798	422
Panama	**10648**					5553	5553	0.14%	92%	3705246	348
Paraguay	336					336	333	0.00%	1%	6862812	20425
Peru	**89874**	89874				80933	77059	1.14%	17%	30741062	342
Puerto Rico	**14423**					16087	16089	0.18%	-10%	3578056	248
Saint Kitts and Nevis	**445**					300	619	0.01%	-28%	52329	118
Saint Lucia	**350**					257	257	0.005%	36%	164464	470
Saint Martin (France)	**0**					0	0	0%		31949	
Saint Pierre and Miquelon	0					0	0	0%		5595	
Saint Vincent and the Grenadines	**0**					80	80	0%	-100%	102350	
Saint-Barthélemy	**0**					0	0	0%		7209	
Sint Maarten	**3199**					3197	2797	0.041%	14%	41486	13
Suriname	1221					1221	1221	0.016%	0%	585824	480
Trinidad and Tobago	**1251**					590	590	0.016%	112%	1220479	976
Turks and Caicos Islands (UK)	85					85	85	0.001%	0%	51430	605
United States of America	**865807**	455591	73570	51904	16094	866983	886386	11.030%	-2%	323127513	373
United States Virgin Islands (USA)	**1300**					360	360	0.017%	261%	102951	79
Uruguay	**6362**					4794	4794	0.081%	33%	3351016	527
Venezuela	1007					1007	1107	0.013%	0.0334%	30912302	30697

그 외의 시장은 공해상에서 합법적으로 영업을 하는 선상 카지노입니다. 전 세계의 선상카지노는 카니발(Carnival)사와 로열 캐리비언(Royal Caribbean)사가 거의 양분하여 독점적으로 운영하고 있습니다. 200여 대로 총 40,000대 가량의 슬롯머신이 운영되고 있습니다.

각 나라가 사회적 관리감독 시스템으로 사행 산업의 규모를 결정하는 최대 베팅금액과 최대 배당금 제한 여부의 특징을 가지고 있는

지에 대한 부분입니다. 해당 자료는 카지노의 슬롯머신을 포함한 확률형이 포함되어 있는 경품게임기를 포함합니다.

Country/State	Location	max bet	max payout
Aruba (Netherlands)		USD15	USD100,000
Australia, ACT	Casinos	$10	no limit
Australia, ACT	Clubs and Hotels	$10	no limit
Australia, NSW	Casinos	$10	No limit
Australia, NSW	Clubs and Hotels	$10	$10,000 for stand alone machines
Australia, NT	Casinos	$5	no limit
Australia, NT	Clubs and Hotels	$5	$25,000
Australia, Qld	Casinos	no limit	no limit
Australia, Qld	Clubs and Hotels	$5	no limit on linked jackpot arrangements
Australia, SA	Casinos	$10	$10,000
Australia, SA	Clubs and Hotels	$10	$10,000
Australia, Tas	Casinos	$5	no limit
Australia, Tas	Clubs and Hotels	$5	no limit
Australia, Vic	Casinos	$10	no limit
Australia, Vic	Clubs and Hotels	$5 ($10 for machines approved pre 1/7/2008)	no limit
Australia, WA	Casinos	$200	$5,000,000
Australia, WA	Other locations	$1	$500
Austria	Casinos	1,000 €	Jackpot System
Austria	Other locations	10 €	10,000 €
Belgium	Class I - Casinos	20 €	no limit
Belgium	Class II - Gaming Rooms	150 €	2,000 €
Belgium	Class III - Pubs	10 €	500 €
Belgium	Class IV - Betting Rooms	6.25 €	500 €
Bosnia and Herzegovina	Casinos	500 €	
Bulgaria		no limit	no limit
Canada, Alberta	VLT network	CAN $5	No limit (PFP 92%)
Canada, Alberta	Gaming Halls	CAN $30	No limit (PFP 92%)
Canada, British Columbia		CAN $100	no limit
Canada, New Brunswick	Slot	no limit	no limit
Canada, New Brunswick	VLT	CAN $2.50	CAN $500.00
Canada, Newfoundland	VLT	CAN $2.50	CAN $500.00
Canada, Nova Scotia	VLT venues	CAN $2.50	CAN $1000.00
Canada, Ontario	Raceways	CAN $5	
Canada, Ontario	Casinos	CAN $5	

Country/State	Location	max bet	max payout
Canada, Prince Edward Island	VLT venues	CAN $2.50	CAN $1000.00
Canada, Quebec	VLT network	CAN $2.50	CAN $1000.00 by internal regulation ($1000 by law)
Canada, Quebec	Gaming Halls	CAN $2.50	CAN $1000.00 by internal regulation (no legal limit)
Denmark		DKR 1	DKR 600
Estonia	Casinos	no limit	no limit
Estonia	Ships under Estonian Flag	10 €	2,000 €
Finland	Casinos	1,200 €	10mil€
Finland	Arcades	2 €	100,000 €
Finland	Other locations (minimum age 18)	2 €	10,000 €
Finland	Other locations	1 €	10,000 €
Germany	Street machines	0.2 €	2 €
Gibraltar (UK)	Casinos	200 €	100,000 €
Greece	Casinos	no limit	
Greece	non casino venues (commence 2014)	2 €	
Hungary	Gaming Halls	around USD1	200 times the original bet
Iceland	Cafés, service stations and kiosks	150 ISK	10000 ISK
Iceland	Bars and pubs	300 ISK	100000 ISK
Ireland *	All locations	0.03 €	0.63 €
Italy	Newslots	1 €	100 €
Italy	VLT network	10 €	5000 € per sigle game 500,000 € for jackpot
Leichtenstein	Casinos	no limit	no limit
Lithuania	Casinos (class A)		no limit
Lithuania	AWP (class B)	0.30 €	58 €
Malta	Casinos	no limit	no limit
Malta	Other locations	5 €	1000 € (2000 € for a jackpot)
Mauritius	Limited Payout Machines		Rs. 3.000
Netherlands	Casino	50 €	no limit
Netherlands	Other locations	0.20 €	40 €
New Zealand	Casinos	no limit	no limit
New Zealand	Non-casino locations	NZD2.50	NZD1000
Norway		NOK50	NOK1500
Panama	Casinos and Slot Halls	no limit	no limit
Panama	Other locations	USD5	USD5000
Poland	Amusement with Prize type machines	0.07 €	15 €
Slovakia	Slot Machines (not in casinos)	0.10 €	15 €
Slovakia	VGM & other (not in casinos)	10.00 €	3,000 €

Country/State	Location	max bet	max payout
South Africa	Casinos	no limit	no limit
South Africa	Other locations	R5	R500
Sweden	Casinos	SEK150	
Sweden	Other locations	SEK6	SEK600
Switzerland	Type A Casinos	no limit	no limit
Switzerland	Type B Casinos	Swiss Francs 25	25000 Swiss Francs
Turkmenistan	Casinos and Slot Halls		USD5000
United Kingdom	Type B - AGC, Casinos	£100	£10,000 ^
United Kingdom	Type C - AGC, FEC	£1	£100
United Kingdom	Type D - AGC, FEC	£1	£50
United States Virgin Islands (USA)	Casinos	USD25	
USA, Arizona		USD29	no limit
USA, Arkansas		no limit	no limit
USA, Colorado	Casinos	USD100	no limit
USA, Delaware		USD100	no limit
USA, Louisiana	Electronic Video Bingo	USD1	USD1000
USA, Maryland		USD500	
USA, Montana	Class III Video Gaming Machines	USD5	USD2000
USA, New York	Casinos - progressive games	USD500	Depends on meters
USA, New York	Casinos - non progressive games	USD500	USD125000
USA, North Dakota	Tribal	USD25	
USA, Pennsylvania	Slots	no limit	no limit
USA, Rhode Island		USD500	
USA, South Dakota	Casinos	USD100	
USA, Washington		USD5	No limit (PPP 75%)
Vanuatu		VT 100	VT 100000

전반적으로 전자게임머신이 많은 국가들일수록 최대 베팅금액이 낮고 최대 배당금액이 낮게 책정되어 있으며, 특히 몇몇 전통적인 카지노만을 운영하는 국가를 제외하고 국민들이 쉽게 접할 수 있도록 빙고, 비디오 복권, 기타 확률형 경품게임기를 허용한 국가에서는 최대 베팅금액과 최대 배당금액을 확정하여 랜덤 생성기가 만들어내는 확률을 자연스럽게 제한하고 있습니다. 유럽에서 확률형 전자게임기

가 가장 많은 독일의 경우 길거리에서 쉽게 접할 수 있는 확률형 게임기의 최대 베팅액은 약 30원 그리고 최대 배당금은 약 3,000원으로 규정하고 있습니다. 결국 사람들이 신의 은총을 시험하는 재물의 부담을 낮춰주고, 자율적인 범위 내에서 게임을 즐길 수 있도록 하여 사람들이 가지고 있는 본성을 해소하게 하고 있는 것입니다. 물론 최대 배당금이 최대 베팅금액에 100배이기 때문에 전자게임기 자체의 확률이 전통적인 슬롯머신 머신의 배당 비율이 수백만 배라는 점을 대비하면 자연스럽게 제한됩니다. 더욱이 독일의 경우는 매출의 최대 90%를 세금으로 선순환 시키는 사회 시스템이 구축되어 있습니다.

또 영국은 최대 베팅금액과 최대 배당금의 비율을 1,000배, 100배, 50배로 구분하여 사람들의 접근성을 제한합니다. 예를 들어 1,000배는 카지노, 100배는 일반 성인들이 즐기는 성인오락실, 50배는 술집 등으로 구분하여 사람들의 자율적인 게임에 대한 흥미와 규제를 균형 있게 관리하고 있습니다. 물론 접근성에 따른 세금도 차등적으로 적용되며, 최대 매출액 대비 40%까지를 과금 합니다.

미국 버지니아 주의 경우는 최대배당금의 제한도 있지만, 그 배당금액은 반드시 알코올이나 담배를 제외한 생필품으로 교환하거나, 주정부가 발행하는 복권으로 대체해서 지급하고 해당 머신이 편의점에 설치되어 있습니다. 복권은 일주일 후에 당첨 여부가 발표되므로 재화 가치가 산정되지 않아 우리나라의 상품권처럼 환전되지 않습니다.

3. 국내 게임 세금과 현황

'우리나라 사람들은 전통적으로 도박을 좋아한다'는 말은 사실일까요? 1902년 이탈리아 대사를 지낸 까를로 로제티는 "조선 사람들은 도박에 대한 열정이 천부적인 민족이다. 심지어 생필품조차도 직접 구입하기보다는 노름으로 구하려 할 정도다."라고 하고, 1894년에 조선을 여행한 헤세 바르텍은 "조선인들은 중국인보다 더 도박을 즐기는 민족이며, 많은 사람들이 도박을 하면서 대부분의 시간을 보낸다. 주로 투전, 장기, 골패를 가지고 도박을 하지만, 연날리기, 석전을 가지고도 한다. 조선에서 도박이 발달한 이유는 중국과 일본에서처럼 극장이 발달하지 못한 이유에서다."라고 말했습니다.

바르텍이 말한 당시 유럽의 극장은 유럽을 대표하는 엔터테인먼트입니다. 카지노의 역사는 엔터테인먼트를 할 수 있는 소셜 공간에서 사람들이 만나서 이야기하고 술 마시고 쇼를 보고 정해진 규칙의 범위 내에서 내기를 하는 것입니다.

우리나라는 성인들이 즐길 수 있는 엔터테인먼트 공간이 아직도 유교적 가치관에 의해서 은밀하고 폐쇄적입니다. 그 은밀하고 폐쇄적인 공간이 지금의 오프라인의 불법 도박장이고 온라인의 불법 카지노입니다. 드러내놓고 즐길 수 있는 공간과 그 공간을 철저하게 관리감독 하는 것을 더 이상 터부시 하면 안 됩니다. 독일도 영국도, 우리보다 비교적 발달하지 않았다라고 생각하는 슬로베니아도 사람들이 어디서나 신의 은총을 안전하게 확인할 수 있도록 국가가 그 기준과 관리에 책임을 집니다.

필자가 업무상 카지노나 해외의 성인전용 오락실을 방문하면, 그

때마다 우리나라 여행객들이 미친 듯이 달려드는 것을 목격합니다. 국내에서는 불법으로 간주되고 아니면 강원랜드까지 가야하는 현실, 아니면 불법 카지노 바(Bar)나 불법 온라인 카지노, 스포츠 토토를 선택해야 하는 그 분들에게는 일상에서 잠시 일탈을 꿈꾸는 것이라고 생각합니다. 국내 어디에서나 투명하고 건전하게 즐길 수 있는 훈련이 되어 있었다면, 해외에 나가서 비행기 표 값까지 지불하며 도박하지는 않을 것입니다.

10여 년 전 바다이야기 사건이 광풍처럼 우리 사회를 휩쓸고 지나갔습니다. 도시에서도 농촌에서도 젊은이도 노인들도 모두가 바다이야기의 광풍에 휩쓸렸습니다. 사회 전체에서 바다이야기를 만든 업체를 마치 악마의 군단처럼 취급했고 개발을 했던 프로그래머들도 죄의식에 해외로 모두 도망가 버렸습니다. 게임의 콘텐츠를 만들었던 분들과 순수한 문화발전과 지역사회 발전을 위해 게임의 결과를 상품권으로 배당하는 순수한 아날로그적인 판단은, 소수의 사익과 악의적인 행태로 우리에게 커다란 상처를 주었습니다. 바다이야기를 개발하던 당시 프로그램 수준이나 게임 콘텐츠 수준은 세계적이었습니다. 하지만, 최대 베팅금액 제한도, 배당금액 제한도, 확률 인증도, 모니터링 방법이나 관련 감독기술의 연구 개발도 없었습니다. 도대체 누가 얼마나 자주 게임을 하는지 알 수 있는 모니터링 데이터도 없어서 결국 사람들을 중독시키고 죽음으로 몰아넣은 후 아예 해당 게임시장을 몰살시켜 관련된 산업기반을 없애 버렸습니다.

최근 대형화되는 경품형 아케이드 게임장 모습

바다이야기 사건 이후 확률형 경품게임기는 10년이 지난 지금 기형적으로 변질되어 버렸습니다. 전국에 수십만 대가 게임물관리위원회에게 등급분류를 받아 합법적으로 운영되고 있습니다. 1회 최대 베팅금액과 최대 배당금액을 제한하여 종국에는 확률을 통제 감독하는 해외 감독기관과 다르게 게임물관리위원회에서는 머신의 시간당 투입금액을 1만원을 제한하고 운영시간을 오전 9시부터 12시로 제한했습니다. 자동 베팅 기능을 제한하여 사람들이 1시간에 1만원만 게임을 할 수 있고 배당금액을 환전할 수 없도록 하였습니다. 게임물 제공업소에 설치할 수 있는 게임기의 대수는 제한이 없습니다. 다만, 게임운영정보 출력장치(OIDD, Operation Information Display Device)라고 불리는 검침기를 법적으로 부착하도록 의무화 했습니다. 배당금액을 환전할 수 있는 방법은 없습니다. 무조건 게임으로 소진해야 합니다.

장애우용 자동베팅장치 "똑딱이"

하지만, '1시간에 1만원만 투입가능하다'는 규제의 구멍은 한 사람이 한 시간에 20대의 게임기에 각 1만원, 총 20만원을 넣을 수 있다는 사실이 간과된 것입니다. 현장에 가보면 몇몇 사람들이 옹기종기 모여 있습니다. 한산합니다. 하지만, 대략 200대에서 300대 규모의 모든 게임기가 동시에 약 3,000개 업소에서 돌아갑니다. 자동으로 게임 베팅을 못하게 했지만, 장애인용 자동 베팅 버튼을 설치해서 사람들이 쳐다만 보고 있고 만지지 않는 기이한 모습이 연출됩니다. 결국 최대 베팅금액 제한은 논리적으로 없습니다. 결국 확률이 조작되어도 아무도 알 수 없다는 것입니다. 또한 베팅금액은 물리적으로 게임기 대수와 비례해서 플레이어가 동시에 베팅할 수 있는 금액이 올라

갑니다. 환전은 절대 안 된다고 합니다. 그러나 그만하고 싶다고 하면 영수증에 잔여 배당금을 적어주고 게임기 전원을 리셋 하여 배당금을 지워버립니다. 지운 근거도 추적하지 않습니다. 영수증은 다시 누군가에 의해 개인적으로 구매되거나 판매됩니다. 영수증을 가져온 고객에게는 해당금액을 게임기에 찍어 줍니다. 결국 소극적이고 긴밀하게 그들만의 환전은 이루어집니다. OIDD는 70년대의 택시 미터기처럼 돌아만 갑니다. 네트워크가 지원이 되지 않아 일일이 검침하듯이 감독관이 전국을 돌아다녀야 합니다. 확률이 얼마에 진행되는지 알 수 있는 방법이 없습니다. 환전이 없다면 게임을 위해 투입된 현금이 100% 매출이란 이야기인데, 그들의 매출은 아무도 알려하지 않습니다. 또 매출에 대한 세금 기준도 별도로 마련되어 있지 않습니다.

데이터 통신의 감독기술에 근거한 확률 통제, 배당률 통제, 불법변조 모니터링이 없는 지금의 확률형 경품게임기 시장은 매년 수십조 원의 현금이 지하경제로 사라져 버리는 우리 사회의 구멍입니다.

청소년들과 젊은 세대들은 부모의 카드로 한 달에 수백만 원에서 수천만 원을 모바일 게임에서 확률형 아이템을 구매하기 위해 사용합니다. 아이템은 판매하거나 아니면 온라인 계정을 개인적으로 판매하여 현금으로 다시 환전합니다. 웹보드 게임이든 MMO/RPG 게임 등 확률형 아이템을 현금으로 할 수 있는 은밀히 거래가 되는 유통구조가 존재합니다.

그렇기에 국민이 안전하고 건전하게 신의 은총을 확인할 수 있는 사회 안전 시스템이 절대적으로 필요합니다. 카지노의 매출 보고서도 서식에 의해서 수기 작성하여 데이터를 수집하고, 확률형 경품게임기가 매년 수십만 대 투입되어도 추적되지 않는 수십조 원의 행방, 영업 비밀이라고 설명하는 온라인과 모바일 게임의 수십조 원에 달하는 확률형 아이템의 비밀은 국가가 책임져야 할 우리 사회 모든 구성원들의 안전에 대한 문제이며, 더 나아가 건전하게 육성된 게임 산업이 세계로 나갈 수 있기 위한 문제입니다.

4. 미국 COAM 사례(확률형 경품게임기 관련)

2013년 미국 조지아 주는 합리적인 방법으로 지역주민의 제한적이지만 자유로운 도박문화에 대한 열망, 지역경제 활성화, 지역복지 세수조달을 이루어가고 있습니다. 바로 코인 오퍼레이션 어뮤즈먼트 머신(Coin Operation Amusement Machine)이라는 육성 및 규제 정책 때문입니다.

먼저 전자게임머신 중 확률에 의한 게임결과 진행방식 포함여부로 머신을 구별합니다. 클래스(Class) A는 에어 하키와 같이 순수한 아

케이드 게임처럼 확률이 아닌 플레이어의 스킬에 의해서만 게임결과로 추가적인 게임시간의 연장, 무료 게임 횟수 연장, 기타 인형이나 상품권 등을 지불하는 게임머신 입니다. 국내의 인형 뽑기처럼 미국에서도 확률을 조작하는 문제로 클래스(Class) A냐, 클래스(Class) B냐 라는 논쟁이 있습니다.

클래스(Class) B는 배당금액을 게임포인트로 지급하는 형식이며 사전에 신원을 확인하여 등록한 고객 카드에 포인트를 적립해주는 방식입니다. 게임의 디자인은 전통적인 카지노 게임들과 같이 확률에 의해서 게임의 결과가 결정되고 배당이 지급되는 형태입니다.

또한 운영이 허가되는 업체의 허가증을 이원화 했습니다. 마스터 라이선스(Master License)라고 하여 머신을 소유하고 관리하는 책임을 가진 머신 허가 사업체와 로케이션 라이선스(Location License)라 하여 머신이 위치한 편의점이나 소매점을 소유한 운영 허가 사업체로 구분합니다. 마스터 라이선스(Master License)의 사업자는 로케

이션 라이선스(Location License)를 동시에 허가 받아 운영하지 못합니다. 서로 다른 사업자가 불법적인 영업행위를 감시하는 일종의 연좌제입니다. 해당 업체들은 관련된 규정의 위반 시 가벼운 벌금부터, 영업정지 뿐 아니라, 흉악범죄(살인)에 준하는 형사처벌을 받습니다.

편의점 시설에 운영중인 슬롯머신

정기적인 담당 경찰의 점검

게임으로 배당된 포인트는 로케이션 라이선스(Location License) 사업자가 운영하는 편의점 또는 소매점에서 무기류, 주류, 담배를 제외한 생필품이나 주정부가 발행한 복권으로 차감할 수 있습니다.

방문한 경찰은 체크리스트에 맞추어 정량적인 조사 근거를 남겨서 라이선스 업체와 담당 경찰의 사적인 유착관계에 의한 미온적이고 정성적인 조사를 예방하고 있습니다.

COIN OPERATED AMUSEMENT MACHINE COMPLIANCE CHECKSHEET
Version 8.0

NAME OF LOCATION: ____________________

ADDRESS: ____________________ CITY: ____________ ZIP: ________

PERSON CONTACTED AT STORE LOCATION: ____________________

LOCATION LICENSE NO.: ____________________ MASTER LICENSE NO.: ____________________

NO. OF MACHINES INDICATED ON "L" LICENSE (CLASS B ONLY): ________ GLC RETAILER: ___Y ___N IF YES, RETAILER NO.: ________

	VIOLATION	YES	NO	COMMENT
1	Did the store owner/manager/clerk allow inspection of Class B machines?			
2	Location License displayed on premises?			
3	Master License displayed on premises?			
4	Does the business have a valid written agreement from a Master License holder for the placement of Class B machines at location?			
5	Are the Class B machines at the location from only one (1) Master License Holder?			
6	Does the license number on the Master License match the Master License number on the permit sticker for each Class B machine?			
7	Are Class B permit stickers displayed on each Class B machine?			
8	Is the Location operating 9 Class B machines or less?			
9	Does the count of Class B machines on the premises match the count listed on the Location License?			
10	Are the games displayed on the Class B machines limited to matchup or lineup games? (no Keno or Poker games are permitted)			
11	Are Hand Counts displayed on each Class B machine? (touch screen to verify)			
12	Does each Class B machine display a "PLAY RESPONSIBILY" decal?			
13	Does business display a "TO REPORT FRAUD, ABUSE, or CASH PAYOUTS" sign within close proximity of Class B machines?			
	QUESTIONS FOR POINT OF CONTACT PERSON	YES	NO	COMMENT
14	Are prizes awarded to players limited to merchandise, prizes, toys, gift certificates, or novelties? (may not include CASH, ALCOHOL, TOBACCO, or FIREARMS)			
15	Are Class B machine prizes located on the premises?			

REMINDERS

- NO PAYOUTS IN CASH, ALCOHOL, TOBACCO, OR FIREARMS
- LOCATIONS MAY NOT DERIVE MORE THAN 50% OF GROSS MONTHLY RECEIPTS FROM THE OPERATION OF CLASS B MACHINES
- LOTTERY TICKETS MAY BE AWARDED AS PRIZES (UP TO $5 PRICE POINT)
- PROCEEDS FROM CLASS B MACHINE MUST BE SPLIT 50/50 BETWEEN MASTER LICENSE HOLDER AND BUSINESS LOCATION
- NO PERSON WITH OR APPLYING FOR A LOCATION OWNER'S OR LOCATION OPERATOR'S LICENSE SHALL HAVE AN INTEREST IN ANY PERSON OR IMMEDIATE FAMILY MEMBER OF A PERSON WITH A MASTER LICENSE, OR DOING BUSINESS AS A DISTRIBUTOR, OR MANUFACTURER

IF YOU HAVE ANY QUESTIONS, PLEASE CONTACT US AT 1-800-7HOTLINE (1-800-746-8546)

INSPECTED BY: ____________________ DATE/TIME OF INSPECTION: ____________
(PRINT NAME)

White Copy
Security

Pink Copy
COAM Location

경찰의 체계화된 점검 리스트

2015년 현재 조지아 주의 마스터 라이선스(Master License)는 204개 업체이며, 로케이션 라이선스(Location License) 업체는 4,500개의 편의점 및 소매점입니다. 클래스(Class) B가 대략 25,000대가 있습니다.

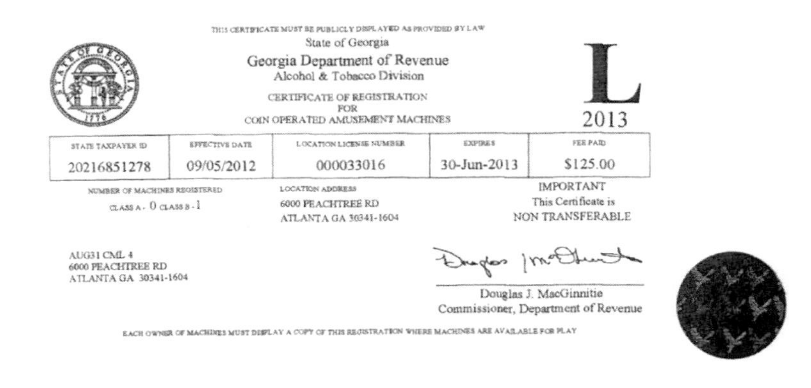

THIS CERTIFICATE MUST BE PUBLICLY DISPLAYED AS PROVIDED BY LAW
State of Georgia
Georgia Department of Revenue
Alcohol & Tobacco Division
CERTIFICATE OF REGISTRATION
FOR
COIN OPERATED AMUSEMENT MACHINES

L
2013

STATE TAXPAYER ID	EFFECTIVE DATE	LOCATION LICENSE NUMBER	EXPIRES	FEE PAID
20216851278	09/05/2012	000033016	30-Jun-2013	$125.00

NUMBER OF MACHINES REGISTERED
CLASS A - 0 CLASS B - 1

LOCATION ADDRESS
6000 PEACHTREE RD
ATLANTA GA 30341-1604

IMPORTANT
This Certificate is
NON TRANSFERABLE

AUG31 CML 4
6000 PEACHTREE RD
ATLANTA GA 30341-1604

Douglas J. MacGinnitie
Commissioner, Department of Revenue

EACH OWNER OF MACHINES MUST DISPLAY A COPY OF THIS REGISTRATION WHERE MACHINES ARE AVAILABLE FOR PLAY

로케이션 라이선스(Location License) 사례

로케이션 라이선스(Location License) 사업자는 허가증 교부 시 일년에 미화 125 달러를 머신숫자에 비례하여 세금을 등록비로 선납부해야 합니다.

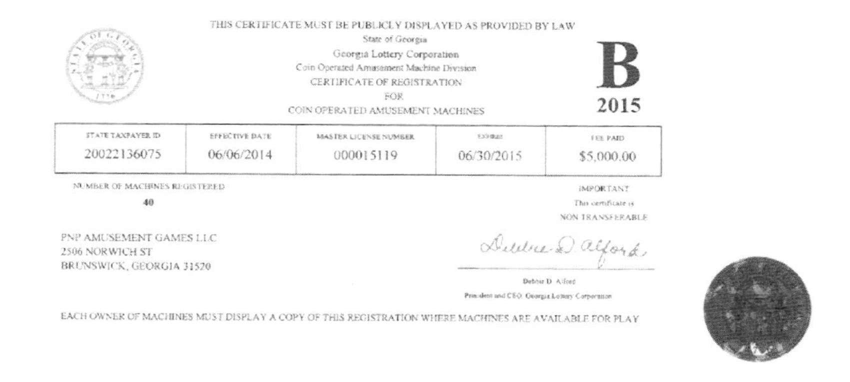

THIS CERTIFICATE MUST BE PUBLICLY DISPLAYED AS PROVIDED BY LAW
State of Georgia
Georgia Lottery Corporation
Coin Operated Amusement Machine Division
CERTIFICATE OF REGISTRATION
FOR
COIN OPERATED AMUSEMENT MACHINES

B
2015

STATE TAXPAYER ID	EFFECTIVE DATE	MASTER LICENSE NUMBER	EXPIRES	FEE PAID
20022136075	06/06/2014	000015119	06/30/2015	$5,000.00

NUMBER OF MACHINES REGISTERED
40

IMPORTANT
This certificate is
NON TRANSFERABLE

PNP AMUSEMENT GAMES LLC
2506 NORWICH ST
BRUNSWICK, GEORGIA 31520

Debbie D. Alford
President and CEO, Georgia Lottery Corporation

EACH OWNER OF MACHINES MUST DISPLAY A COPY OF THIS REGISTRATION WHERE MACHINES ARE AVAILABLE FOR PLAY

마스터 라이선스(Master License) 사례

마스터 라이선스(Master License) 사업자는 머신의 운영 대수에 따라 가산하여 1년 등록비를 선납부해야 합니다. 50대까지는 대당 미화 200불, 51대에서 200대까지는 대당 미화 400불, 201대 이상은 대당 미화 500불입니다.

더욱 주목할 점은 조지아 주 내에서 게임머신 업체가 생산하지 않은 머신을 수입 유통하려는 경우는 머신 대당 미화 500불을 추가 지불해야 합니다. 지역 게임 개발업체에게 혜택을 주고 가능한 게임 개발회사가 조지아 주에 소재하도록 합니다.

머신에서 발생하는 매출은 로케이션 라이선스(Location License)는 46.5%, 마스터 라이선스(Master License)는 46.5%로 조지아 주 복지위원회에서 7%를 나누어 가져갑니다. 단 로케이션 라이선스(Location License) 업체와 마스터 라이선스(Master License) 업체의 매출은 주 정부의 세금정책에 의해서 사업소득세가 최대 70%까지 부과 됩니다.

마스터 라이선스(Master License)를 소지하고 있는 업체, 즉, 머신 유통업체나 제조업체는 조지아 주가 정한 국제통용 표준 프로토콜인 SAS 6.02에 머신의 통신규격을 맞춰야 합니다. 매출 및 각종 머신 이벤트를 조지아 주 감독 기관에서 개별 게임머신의 실시간 데이터를 중앙에서 모니터링하고 있습니다. 24시간 모니터링 센터에서 데이터 정합성을 관찰하고 이 중 이상 징후가 발견되면 정기적인 단속을 하는 지역경찰을 배제하고 연방경찰이 바로 해당 영업장을 급습하는 이원화 된 단속체제를 갖고 있습니다.

COAM의 머신 등록 현황 예시

조지아 주는 머신이 통신하는 기술사양서를 SAS 6.02라는 통용 표준 프로토콜을 준용하여 사용하고 있습니다.

1. Introduction

1.1 Purpose

This document provides an explanation of the SAS Requirements for interfacing to the Vendor Central Monitoring System (CMS) and SAS site controller.

1.2 Intended Audience

This document is intended for the following users:

- Manufacturers of Coin Operated Amusement Machines
- Georgia Coin Operated Amusement Machine Master Licensees
- Test laboratories for certifying to Georgia Lottery Corporation regulatory requirements
- Georgia Lottery Corporation employees responsible for the implementation and operation of the CMS
- Vendor staff responsible for the implementation and operation of the CMS

1.3 Overview

The requirements contained in this document must be met in order for SAS COAMs to be monitored by the vendor Central Monitoring System (CMS). This document contains details regarding required SAS COAM functionality and information that must be provided by each manufacturer in order for COAMs to be monitored by the CMS.

2. Technical Requirements

The following technical requirements must be met in order for COAMs to be monitored by the vendor CMS.

2.1 SAS Minimum Requirements

The following minimum requirements must be met in order for SAS COAMs to successfully interoperate with the Vendor CMS.

- COAM must remain enabled and playable when not connected to the CMS.
- COAM must send event 70 as required by the SAS protocol
- COAM must support the ability to allow cash out when the COAM is disabled by the CMS, receives 0x01 Shutdown (lock out play).
- COAM must allow for an attendant configurable machine address with a range of 1-127.
- COAM must support configuring the base accounting denomination to $.01 (pennies).
- SAS 6.02 certified including support for the following:
    - **Long Polls:**
        - 0x01 Shutdown (lock out play)
        - 0x02 Startup (enable play)
        - 0x0E Disable real time event reporting
        - 0x0F Send meters $10 through $15
        - 0x19 Send meters $11 through $15
        - 0x1F Send Gaming Machine ID and Information
        - 0x21 ROM signature verification

또한 머신을 설치하고 통신장비를 구축하는 절차를 배포하여 표준에 의해서 기술 환경이 구축되도록 하고 있습니다. 아래의 내용은 해당 시스템의 운영 매뉴얼 사례입니다.

iSMIB Startup and Commissioning Procedure

1. When arriving on site make sure that the Master License Holder (MLH) representative is present.

2. Have the MLH representative clear all of the machines of any money that you will be working on.

3. Gather all COAM configuration info, i.e. full SAS, Surfnote or iSMIB, and which port you plan to install these COAMs on.

4. Verify signal strength of communication device you are expecting to use and what the IP address of the device actually is.

5. Install Site Controller, communication device and switch close to their final resting position and power them on so it can establish connection with the central system.

6. Call the hotline number, (877)261-6242, and let them know which COAM board configuration to expect on what port. Ask Operator to let you know when the Site Controller has hit the system.

7. Verify that all iSMIB wiring and all of the components have been installed correctly, i.e. tamper switch, I2C board and iSMIB is

mounted correctly, by the MLH before proceeding further.

8. Hook up all necessary CAT 5 and DB9 connectors to the COAMs. Installing one cable at a time and labeling them on each end which cable is for what port and which machine, i.e. COM1 Machine 1 (M1 is fine), LAN 1 M1 or SAS M1 for full SAS boards or Surfnotes.

********Note Please Label Machines From Left To Right Matching Machine Number With The Port It Will Be Attached To. *********

9. All iSMIB and Surfnote machines require one straight thru DB9. Pinned out with Red on pin 2, Green on pin 3 and White on pin 5.

10. Full SAS machines require one straight thru and one cross over DB9. Pinned out with Red on pin 2, Green on pin 3 and White on pin 5 for straight thru. Cross over should be pinned out with Green on pin 2, Red on pin 3 and White on pin 5.

11. See How to Change SAS address documents before proceeding further.

12. To start up an iSMIB COAM power down the COAM board.

13. Ensure that the tamper switch is in the closed and connector are connected in the proper locations on the I2C board and iSMIB.

14. Apply power to iSMIB and wait 3 minutes for the iSMIB start up completely.

15. Apply power to the COAM board.

16. Startup your laptop and hook up USB to Serial connector cable.

17. If you have not already done so previously, install drivers from the manufacture of your USB to Serial cable to ensure your laptop knows how to utilize this device.

18. Open device manager on laptop to determine which port the USB to Serial cable is connected to and will communicate out of.

19. Open the COAM Verifier INI file and change the port number to match the port which you just verified in previous step, and SAS address of the machine you need to test (if it is machine one should be SAS address 1).

20. Hook up DB9 from the machine you need to check to the USB to Serial plug from your laptop.

21. Open the COAM Verifier.

22. With your mouse pad select/press the Request Signature, Cancelled Credits and Total Drop buttons. Make sure information is received on each results box.

23. If not already depressed press and hold the logic door switch so the COAM is in the ready for play screen.

24. Select/press the Shutdown button on the COAM Verifier program and verify that the COAM goes into game suspended screen.

25. With the logic door switch still depressed and the COAM from the last step, select/press the Startup button on the COAM Verifier and verify that the COAM returns to ready screen.

26. With the COAM still attached to your laptop and the COAM Verifier program still up and running, have the MLH turn and hold the Operator Menu switch in the on position. You should see and event pop up in the events screen on your laptop screen.

27. On the right hand side of the screen locate and select the Green I/O button.

28. Press the IN button on the lower left side of the screen several times while listening for the audible click of the coin in meter activating. An event of Coin In Tilt should appear on the Events screen of your laptop.

29. Press the Paid button on the lower left side of the COAM screen several times while listening for the audible clicks of the coin out meter. An event of Coin Out Tilt should appear on the Events screen of your laptop.

30. Have MLH release the Operator Menu switch. You should see and event pop up in the events screen on your laptop screen.

31. Depress and release the tamper switch and logic door switch several times and look for the events on the events screen of your laptop.

32. If all of the tests show up correctly from steps 21-30 on the COAM verifier, the Machine is ready to be hooked up to the Site Controllers respective SAS address port. If one of the test fail, have the master license holder trouble shoot the problem and retest after problem is fixed.

33. Repeat all these for all of the COAMs on the site.

34. Refer to Site Controller setup procedures before proceeding further.

35. Call Hotline number and ask the Operator to try to commission your location.

이는 전통적인 카지노 슬롯머신이 아니지만 확률이 들어가 있는 경품게임기의 확률, 변조, 베팅금액, 배당금액 등을 국제표준 통신을 기반으로 관리하여 지역주민을 보호하고 복지를 위한 세원과 경제를 확충하고, 조지아 주에 소재한 게임 개발업체들이 개발한 게임머신들이 국제적으로 유통될 수 있는 글로벌 수준의 기술사양을 요구하여 민, 관, 업계가 모든 혜택을 공유하는 성공적 사례입니다.

5. 미국 매사추세츠(Massachusetts) 사례(전통적인 카지노 슬롯머신 관련)

매사추세츠에는 3개의 대형 카지노가 허가를 받아 운영 중입니다.

2011년 제정된 관련법으로 지역 사회에 카지노 사업의 투명성을 확보하고 관련된 세수와 경제 수익을 대중에게 공개하겠다는 의지를 가지고 2015년에 주정부 감독 기관의 주도로 플레인빌 펜 내셔널 카지노(Plainville Penn National Casino(1,250대)), 윈 카지노 리조트(Wynn Casino Resort(3,242대)), MGM 스프링필드 카지노(MGM Springfield Casino(3,000대))를 실시간으로 중앙 모니터링 시스템에서 모니터링 하는 CMS(Central Monitoring System)를 구축하기로 했습니다. 구축을 담당한 CMS 납품업체는 매사추세츠 감독 직원들을 대신하여 365일 24시간 모니터링하고 이상 징후나 주 감독 기준에 어긋나는 데이터가 감지되면 주 감독 직원에게 보고하는 서비스를 받기로 한 것 입니다.

당시 주정부나 카지노의 금전적 부담과 IT 기술 자체개발에 대한 부담을 상쇄하기 위한 입찰 규격서는 최대 15년 계약 및 운영 약정을 기준으로 머신과 통신하는 단말기 금액과 IT 인프라(Infra)를 구축하는 비용, 네트워크 임대비용, 모니터링 요원 운영에 따른 인건비를 합산하여 머신 대당 금액을 적게 하는 일종의 BOT(Build Operate Transfer) 방식의 입찰 요구서였습니다.

Commonwealth of Massachusetts
Massachusetts Gaming Commission

Request for Responses (RFR)
For
Central Monitoring System
MGC-CMS-2015

LATE RESPONSES WILL NOT BE CONSIDERED.

Key Procurement Dates	Date
RFR distributed	October 24, 2014
Written questions from interested bidders concerning RFR due	November 3, 2014
Written responses from MGC posted on Comm-BUYS	November 10, 2014
Bidders' responses due	**November 17, 2014**
Evaluation Committee reviews responses and selects finalists	November 24, 2014
Evaluation Committee interviews finalists	December 1-4
Best and Final Offers	December 5, 2014
Report to Commission from finalist on benefits of CMS	December 18, 2014
Possible vote by Commission to award contract	December 18, 2014

Correspondence and Submission Information

Derek Lennon
Chief Financial and Accounting Officer
Massachusetts Gaming Commission
84 State Street, 10th Floor
Boston, MA 02109
617-979-8454
mgcprocurements@state.ma.us

매사추세츠 카지노 중앙 감독 시스템 RFP 사례

CMS(Central Monitoring System) 소프트웨어의 규격은 최대 20,000대를 동시에 모니터링하고 국제통용 프로토콜인 SAS, G2S, S2S를 사용하여 주 정부와 관리감독 하고자 하는 데이터를 수집해 달라는 요청이었습니다.

RFP 중 일부의 시스템 요구사항을 발췌했습니다.

CMS REQUIREMENTS

1. The CMS shall have the capability to support up to 20,000 EGDs and Facilities (4) authorized by the Commission and be scalable for future enhancement or growth. The CMS, as delivered and installed, shall be capable of supporting a network of 20,000 EGDs and associated controllers during peak transaction performance.

2. The Central System shall operate on a universally accepted gaming industry open protocol (e.g., Gaming Standards Association SAS, G2S, S2S) to facilitate the ability of the maximum number of EGD manufacturers to communicate with the CMS and shall be capable of controlling all brands and models of EGDs currently approved in a regulated jurisdiction.

3. The CMS shall provide the capacity for at least an eleven (11) digit dollar amount ($99,999,999,999) for EGD sales.

4. The CMS shall be configurable and capable of future scaling and expansion of transactions, storage, Facility locations, and number of EGDs.

5. Alarms and monitoring devices shall be in place and shall automatically notify the Commission if the CMS goes down. All levels of sensing such as environmental and system/network availability

shall be considered and captured. The Vendor shall notify the Commission based upon notice and escalation procedures as approved by the Commission.

6. At the direction of the Commission, the CMS shall be able to immediately start or cease gaming functions by disabling or enabling any individual EGD, any group of EGDs, or all EGDs. The Vendor shall provide for a process of executing a shutdown command from the CMS that causes EGDs to cease functioning and a process of executing a startup command from the CMS. Both automatic and manual shutdown capabilities shall be available from the Central System. The Central System shall have the functionality to disable and enable EGDs at an EGD Facility and system wide with a single command for each type.

7. When communication between the CMS and an EGD is disrupted, the components shall automatically resume processing as soon as communication is restored without any loss of data.

8. The CMS shall provide a warning for each EGD when polled meters are outside of expected parameters. This will allow the Vendor and the Facility to proactively react to inaccurate or suspected inaccurate meter readings. The CMS shall provide the setting and monitoring of thresholds that provide an alert to the Commission in the event any and all meters fall outside of the established threshold values.

9. The CMS shall provide a single point of entry for all management functions from secure browsers on the Commission's Wide Area

Network (WAN) or Virtual Private Network (VPN).

10. The Central System shall be capable of accepting and processing adjustments to include specification of a dollar amount and explanation for the adjustment. Posting of adjustments shall be allowed from either Management Terminals and from computer files supplied by the Commission. The CMS shall provide a single screen for meter adjustments which will allow all adjustments to key meters to be made on a single screen.

11. The CMS shall provide the capability for EGDs to operate for up to seventy-two (72) hours without connection to the CMS, with all data being collected and stored without loss by the site controllers.

1) The functions of the CMS shall not be obtrusive for the players, for employees who require real-timemonitoringofsecurityevents, financialtransactions, orserviceoftheEGDs. Performance of the CMS shall not degrade noticeably during normal functionality. In addition, the CMS shall provide capacity to accommodate EGD populations, play volumes, and event recording consistent with all specifications.

2) Time Synchronizing:

a. Multiple systems in the configuration, such as a clustering of processors, shall have a time synchronizing mechanism to ensure consistent time recording and reporting for events and transactions.
b. The Primary and Back-up System shall be time-synchronized, to ensure that both Systems have all transaction data at all times.
c. Synchronization with an external time standard shall be provided.

d. The Primary and Back-up System shall be fault tolerant and able to fail over immediately in the case of a primary failure.

또한 소프트웨어에 대해서는 해당 소프트웨어의 안전한 운영관리와 만약의 소프트웨어 공급업체의 부도나 법적 위치 변경에 대해 '소프트웨어 소스를 임치'하는 방식을 요청하였습니다.

결국 국내 로또 복권의 기술 컨소시엄 업체인 그리스의 인트랄롯(Intralot)사가 낙찰 받아 세 개의 카지노의 7,000여 개의 슬롯머신을 중앙에서 실시간을 감독하는 시스템을 10년 동안 서비스하도록 계약이 체결되었습니다.

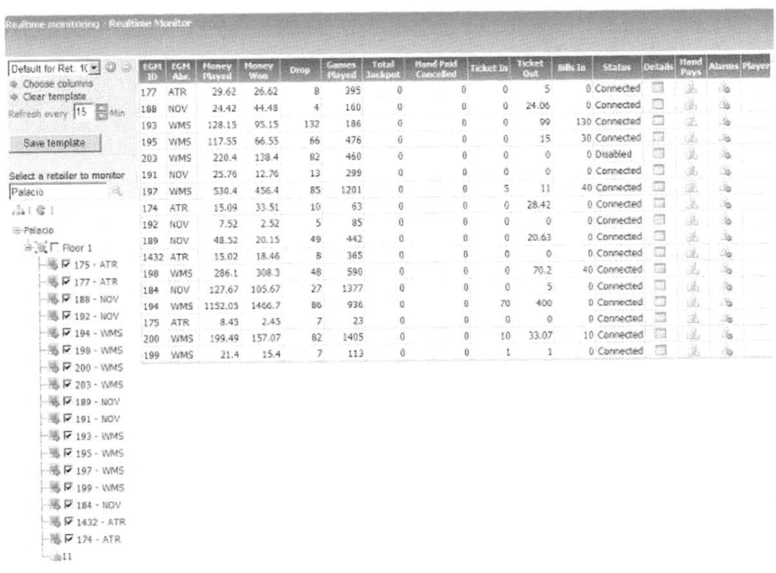

EGM ID	EGM Abr.	Money Played	Money Won	Drop	Games Played	Total Jackpot	Hand Paid Cancelled	Ticket In	Ticket Out	Bills In	Status	Details	Hand Pays	Alarms	Player
177	ATR	29.62	26.62	8	395	0	0	0	5	0	Connected				
188	NOV	24.42	44.48	4	160	0	0	0	24.06	0	Connected				
193	WMS	128.15	95.15	132	186	0	0	0	99	130	Connected				
195	WMS	117.55	66.55	66	476	0	0	0	15	30	Connected				
203	WMS	220.4	138.4	82	460	0	0	0	0	0	Disabled				
191	NOV	25.76	12.76	13	299	0	0	0	0	0	Connected				
197	WMS	530.4	456.4	85	1201	0	0	5	11	40	Connected				
174	ATR	15.09	33.51	10	63	0	0	0	28.42	0	Connected				
192	NOV	7.52	2.52	5	85	0	0	0	0	0	Connected				
189	NOV	48.52	20.15	49	442	0	0	0	20.63	0	Connected				
1432	ATR	15.02	18.46	8	365	0	0	0	0	0	Connected				
198	WMS	286.1	308.3	48	590	0	0	0	70.2	40	Connected				
184	NOV	127.67	105.67	27	1377	0	0	0	5	0	Connected				
194	WMS	1152.05	1466.7	86	936	0	0	70	400	0	Connected				
175	ATR	8.45	2.45	7	23	0	0	0	0	0	Connected				
200	WMS	199.49	157.07	82	1405	0	0	10	33.07	10	Connected				
199	WMS	21.4	15.4	7	113	0	0	1	1	0	Connected				

중앙 모니터링 시스템- 개별 슬롯머신 매출정보 대시보드 예시

Theoretical Versus Actual Hold Report(Game)

Date from 1/12/2009　　Date to 1/13/2010　　Nr.of Days 44
EGM All　　Variance(%) 100

Retailer Code 133003　　Retailer Description 4 ASES HUARAL

EGM Description	Game ID	Game Description	Variation ID	Variation Description	Theoretical Payout	Actual Payout	Variance(%)
WMS-Jungle Wild (1960)	12	Jungle Wild	0	Var 90%	90.00	89.98	0.02
WMS-Thai Treasures (1961)	110	Thai Treasures	1	Var 90%	90.00	90.98	-0.98
WMS-PALACE OF RICHES (1962)	65	PALACE OF RICHES	1	Var 90%	90.00	91.97	-1.97
IGT-PHARAOH'S GOLD 25L (1963)	74	PHARAOH'S GOLD 25L	1	Var 92%	92.00	93.28	-1.28
IGT-TREASURES OF TROY 40L (1964)	116	TREASURES OF TROY 40L	1	Var 90%	90.00	85.42	4.58
IGT-Aztec Temple (1965)	21	Aztec Temple	0	var 90%	90.00	91.31	-1.31
WMS-Samurai Master (2060)	113	Samurai Master	1	Var 90%	90.00	88.07	1.93
ATR-Mystical Journey (2061)	96	Mystical Journey	1	Var 90%	90.00	87.46	2.54
NOV(M)Novomatic Geminator (2062)	6	Book of RA	2	Var 90%	90.00	97.00	-7.00
NOV(M)Novomatic Geminator (2062)	8	Queen of Hearts	3	Var 90%	90.00	91.03	-1.03
NOV(M)Novomatic Geminator (2062)	53	Cities Of Gold	2	Var 90%	90.00	81.47	8.53
NOV(M)Novomatic Geminator (2062)	101	Dolphin Pearl	1	Var 90%	90.00	98.20	-8.20
NOV(M)Novomatic Geminator (2062)	155	INDIAN SPIRIT	2	Var 90%	90.00	91.55	-1.55
NOV(M)Novomatic Geminator (2062)	165	LUXURY EXPRESS	2	Var 90%	90.00	94.25	-4.25
NOV(M)Novomatic Geminator (2062)	189	PHARAONS GOLD	2	Var 90%	90.00	88.44	1.56
NOV(M)Novomatic Geminator (2062)	203	LADIES CHARM DLX	2	Var 90%	90.00	78.80	11.20
NOV(M)Novomatic Geminator (2062)	204	MING DYNASTY	2	Var 90%	90.00	79.99	10.01
NOV(M)Novomatic Geminator (2062)	208	MAGIC FLUTTE	1	Var 90%	90.00	79.87	10.13

Report Created 13/01/2010 6:19:12AM　　User devteam　　Page 1 / 1

중앙 감독 시스템 - 슬롯머신 확률정보 조회 예시

6. 싱가포르의 카지노 감독위원회 감독기술 요구 조건

우리나라보다 훨씬 늦게 2개의 대형 카지노를 내국인을 포함하여 개방한 싱가포르 역시 국내의 카지노 영업 준칙에 비해서 상대적으로 세부적인 감독기술을 요구하고 있습니다.

Ref: CRA/T/15/0001

TECHNICAL STANDARDS FOR SLOT MANAGEMENT SYSTEM (SINGAPORE)

Version 1.2

With effect from 6 March 2015

Total number of pages: 19 (inclusive of cover page)

싱가포르 카지노 영업 준칙 중 슬롯머신 감독 시스템 요구사항

TABLE OF CONTENTS

싱가포르 시스템 요구사항 리스트

싱가포르의 경우는 GLI(Gaming Laboratories International)라는 국제통용 표준을 그대로 준용하고 있는 입장입니다.

GLI (Gaming Laboratories International)

해외의 경우는 GLI라 불리는 전 세계 250개 사행성 산업 감독기관을 대행하는 시험인증 기관이 있습니다. GLI와 전 세계 250개 사행성 산업 감독기관과 국가에서 통용되는 18가지의 표준이 있습니다. GLI의 18개 표준을 GLI를 대행해서 시험 및 검사해주는 기관 중에는 BMM이라는 시험기관도 있습니다. 어느 시험기관에서 검사를 진행하든지 해당 GLI 표준에 의해 인증이 되면 전 세계 카지노와 감독기관에서 통용되는 시험인증평가를 받게 되는 것입니다. 국내의 경우는 한국정보통신기술협회(TTA)와 유사한 기관입니다.

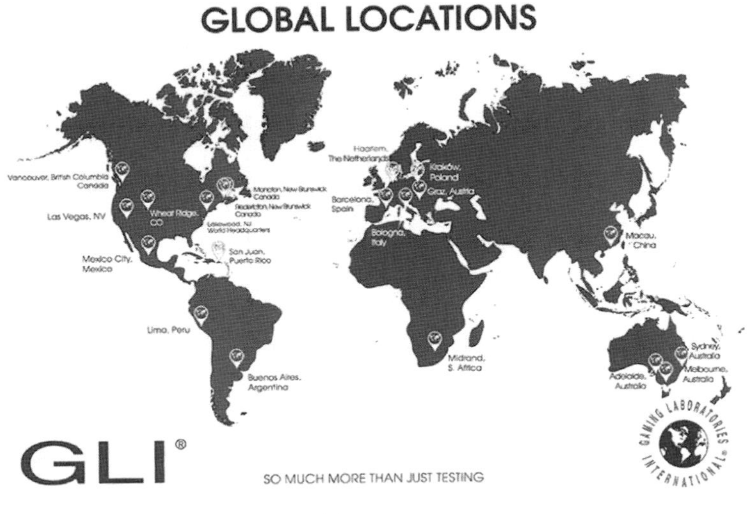

GLI 인증 요구 국가 분포도

7. GLI에서 표준화한 평가인증기준은

GLI-11 게이밍 디바이스(Gaming Device)는

베팅을 하여 확률 또는 스킬의 결과로 게임결과가 결정되고 경품이나 현금을 배당하는 게임기를 지칭하며, 전통적인 카지노 테이블게임의 확률을 자동화하는 전자테이블게임머신(Electronic Table Games)이나 딜러가 실제 게임의 결과를 입력하는 딜러 컨트롤 전자게임머신의 경우는 별도의 표준 평가기준이 있습니다.

GLI-11은 전통적인 카지노 슬롯머신을 포함한 확률형 전자게임기를 크게 4가지 분야의 기준으로 나뉩니다. 첫 번째로는 머신의 하드웨어 평가기준, 두 번째로는 확률을 생성하는 랜덤 번호 생성기 평가기준, 세 번째로는 게임 콘텐츠의 평가기준, 네 번째로는 회계 및 미터기의 평가기준으로 구성됩니다.

첫 번째, 머신의 하드웨어 평가기준으로는 머신의 안전성, 머신의 환경적인 영향, 머신 식별 방법, 하드웨어 구성 방법, 전기용량, 도어, 로직 박스 구성, 프로그램 스토리지, 비휘발성 메모리, 플레이어 인터렉티브 장치, 지폐인식기 및 수거함, 동전투입기 및 관련 장치, 플레이어 식별 인식 장치, 타워라이트, 머신 배당 방법 및 배당 장치, 티켓, 머신 통신프로토콜(SAS 또는 G2S), 머신 인터넷 통신, 배당금액을 표시하는 물리적 장치 등으로 구성되어 있습니다.

두 번째, 확률을 생성하는 랜덤 번호 생성기(RNG, Random Number Generator) 평가기준은 일반적인 RNG, 소프트웨어 기반의 RNG, 하드웨어 기반의 RNG, 물리적 확률장치에 의한 RNG, 암호화된 보안 RNG 평가요구 기준 등으로 구성되어 있습니다.

세 번째, 게임 콘텐츠에 대한 평가기준은 플레이어 인터페이스(사용화면), 일반적인 게임 콘텐츠 사항, 게임 정보 및 플레이 규칙, 게임의 공정성, 게임 종류, RNG에 따른 게임 배당 결과, 이론적 배당률, 확률, 비현금성 리워드, 보너스 및 부가 게임, 보너스 게임을 위한 주변장치, 더블업 등의 게임의 부가 기능, 미스터리 어워드, 한 게임기의 복수 게임 테마, 게임 데이터 토큰화, 프로그램 장애복구 기능, 감독기관별 세금징수 보고서 산출 기능, 게임모드별(진단, 무료, 자동베팅 등) 기능, 게임 이력 관리, 토너먼트 게임(대회 전용게임), 스킬 게임, 플레이어별로 식별 지속 게임, 다수의 플레이어들이 공유하는 보너스 게임, 가상이벤트 디스플레이 기능 등으로 구성되어 있습니다.

마지막으로, 회계와 미터기에 대한 평가기준은, 미터 전반에 관련된 평가기준, 크레디트 미터(Credit Meter)에 관련된 기준, 플레이어에게 지불한 금액과 관련된 미터들의 기준, SAS 표준통신 관련 미터 기준, 페이테이블(Paytable) 관련 미터 기준, 더블업과 게임 미터들의 기준으로 구성되어 있습니다.

국내 카지노뿐 아니라 성인전용 게임제공업소에 보급되는 모든 확률형 경품게임기는 GLI-11과 같은 표준 인증기준을 준용하여 정량적 리스트에 의한 시험 평가가 이루어져서 제조 및 유통되어야 합니다. 국내 시장의 건전성과 더불어 해당 게임기 제조업체의 글로벌 시장으로의 진입을 견인하는 계기가 될 것입니다.

국내의 중소 게임기업체가 해외로 진입해야 할 때 반드시 겪어야 하는 시험인증기준이 GLI-11입니다. 국내에서는 하이다코사와 지스트라사가 수년에 걸쳐 시행착오를 겪은 후 겨우 해외 진출에 성공할 수 있었습니다.

하드웨어 및 게임 콘텐츠에 대한 기술적 우위에도 불구하고, 국제 통용 통신프로토콜에 대한 절대적 지식부족, 시험인증 경험부족, 언어적 장벽, 비용부담 등으로 웬만한 중소기업에게는 도전하기 어려운 장벽으로, 국내표준 준용과 시험인증 대행기관 설립유치 등이 게임 강대국인 국내 기업의 수출역량 강화에 절대적으로 필요합니다.

GLI-12는 카지노 내의 프로그레시브 게이밍 디바이스(Progressive Gaming Device in Casinos) 입니다.

GLI-12는 베팅되는 크레디트(Credit)에서 일정한 금액을 적립하여 특정한 심벌에 따라서 싱글 머신에서 잭팟을 히트시키거나 복수의 머신을 링크해서 연동시키는 프로그레시브 잭팟(Progressive Jackpot) 기능을 탑재한 카지노 전용시스템에 대한 시험인증 평가기준입니다. 일정하게 적립한 금액을 검증된 확률에 의해서 특정한 심벌을 기준으로 잭팟이 히트되는지에 대한 시험인증 평가를 합니다.

GLI-13은 온라인 모니터링 및 제어 시스템(On-line Monitoring and Controls System(MCS)) 입니다.

GLI-13은 SAS와 G2S와 같은 국제통용 표준 통신프로토콜을 기반으로 개별 전자게임기를 지속적으로 모니터링 하는 게임관리 시스템의 시험인증 평가기준입니다. 게임의 각종 이벤트에 대한 이력관리, 조회, 보고서 생성, 회계정보 수집, 미터 데이터 수집, 하드 미터와 소프트 미터 보정, 시스템 보안 등을 평가합니다. GLI-13은 크게 4가지 분류로 구분됩니다. 첫 번째 시스템 구성 요건, 두 번째 시스템 요구 기능, 세 번째 티켓 인증, 네 번째 시스템 환경 및 안전성으로 구분됩니다.

첫 번째 시스템 구성 요건은, 인터페이스 구성, 프런트 엔드 컨트롤러(Front End Controller) 및 데이터 컬렉터(Data Collector), 서버 및 데이터베이스, 워크스테이션의 요구사항 및 시험인증 평가기준입니다.

두 번째, 시스템 기능 요구에 대한 부분은 SAS와 G2S 같은 국제 통용 표준 프로토콜 정합성, 이벤트별 이력 추적, 미터 관리, 리포팅, 시스템 보안, 기타 시스템 기능, 백업 및 장애대책을 시험인증 평가합니다.

세 번째, 티켓 인증에 대한 부분으로 티켓 발행, 차감, 리포팅, 보안으로 시험 평가합니다.

마지막으로, 시스템 환경 및 안전성에 대한 부분은 하드웨어의 안전성과 시스템 통합에 환경을 시험 평가합니다.

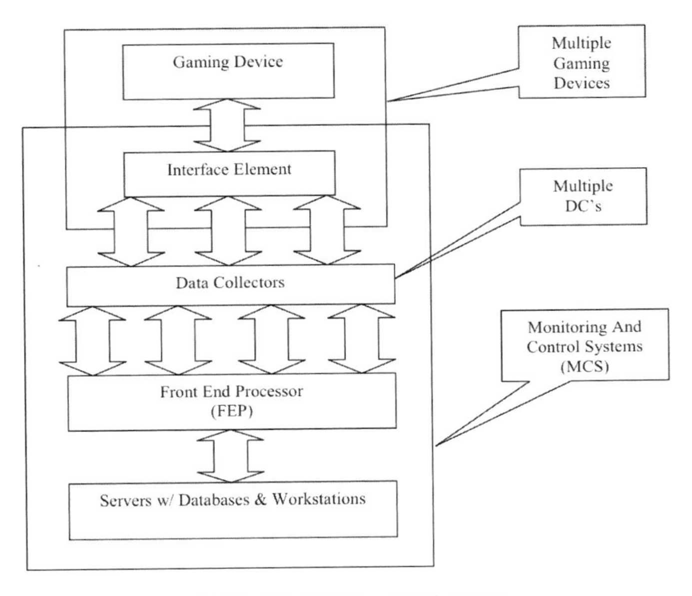

GLI가 시험 평가하는 시스템 구조도

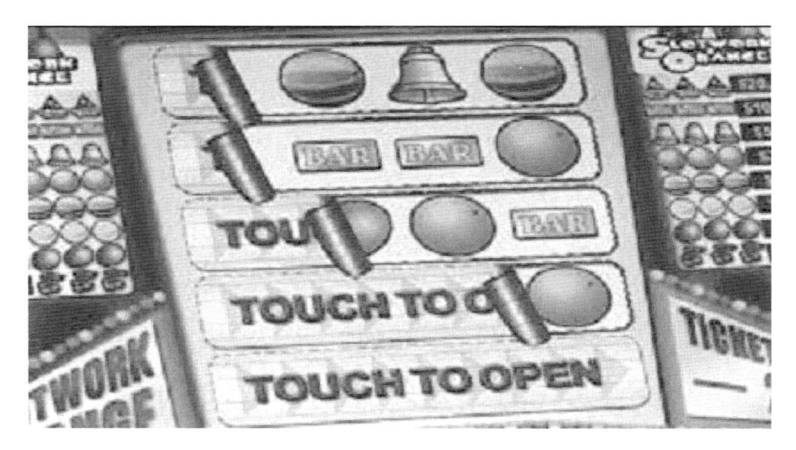

전자식 스크래치 복권 사례

GLI-14는 국내에는 도입되지 않았지만 선진국에서 2000년도 후반부터 정부가 주도하는 전통적인 복권사업을 대체하여, 인터넷 통신 기반의 비디오 복권 터미널 사업에 사용되는 비디오 복권 단말기(VLT, Video Lottery Terminal)입니다. VLT 중에서 전자 스크래치 복권 형태로, 정부가 관리하는 확률서버에서 베팅에 대한 결과를 슬롯머신의 그래픽과 유사하게 보여주고 결과배당을 전자적인 스크래치 복권의 형식으로 지급하는 전자게임기의 시험인증 평가기준입니다.

GLI-15는 전자 빙고 및 케노 시스템(Electronic Bingo and Keno System)입니다. VLT의 한 종류로 특정한 숫자의 배열을 맞추는 비디오 복권 단말기의 시험인증 기준입니다.

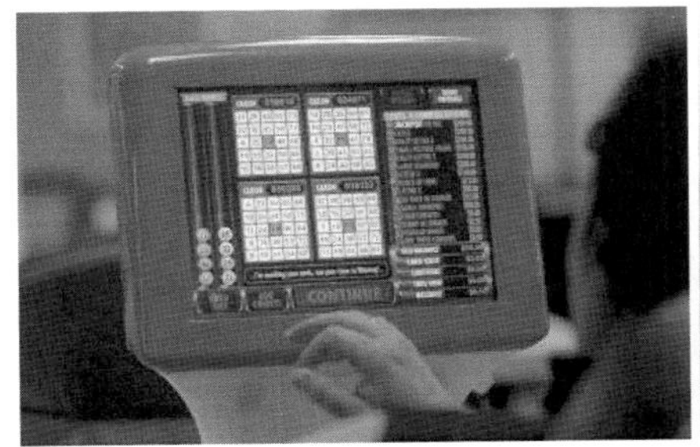

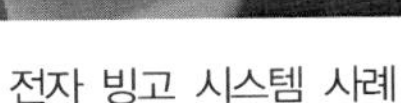

전자 빙고 시스템 사례

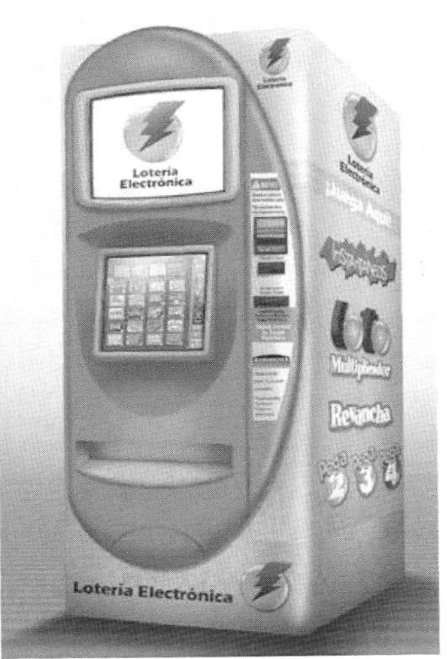

전자카드를 이용한 비디오
복권 터미널 사례

북미와 유럽에서 카지노가 아닌 일반 술집이나 대중 시설에서 공개적으로 즐기는 비디오 복권 문화로 자리 잡고 있습니다.

GLI-16은 카지노 내의 캐시리스 시스템(Cashless Systems in Casino) 입니다. GLI-16의 경우는 플레이어가 카지노에 사전에 예치한 금액 중 일부 또는 전부를 슬롯머신이나 전자테이블게임머신에 전자적으로 전송하는 크레디트(Credit)를 구매하는 방식으로 플레이어는 사전에 등록한 자신의 고유한 마그네틱 카드나 스마트카드를 사용하여 금액을 전송할 수 있도록 하는 기준을 SAS라는 국제통용 표준 통신 프로토콜을 기준으로 그 정합성을 확인하는 평가기준 입니다. 국내에서 한동안 사행성 감독위원회에서 추진하려고 노력했던 전자카드 시스템, 즉 제한된 금액을 사전에 입금하여 해당금액만큼만 제한적으로 사행성 게임을 할 수 있도록 유도하는 방법의 글로벌 표준기술 기준입니다.

기타로는 GLI-17 Bonus system in Casino,
GLI-18 Promotional Systems in Casino,
GLI-19 Interactive Gaming Systems,
GLI-20 Redemption in Kiosk,
GLI-21 Client-Server Systems,
GLI-23 Video Lottery Terminals,
GLI-24 Electronic Table Game Systems,
GLI-25 Dealer Controlled Electronic Table Games,
GLI-26 Wireless Gaming Systems,
GLI-27 Network Security Best Practices,
GLI-28 Player User Interface Systems,
GLI-30 Card Shufflers and Dealer Shoes,
GLI-31 Electronic Raffle Systems 등이 있습니다.

GLI는 카지노 슬롯머신, 비디오 복권 단말기, 기타의 확률형 게임기, 카지노나 사행적으로 운영될 수 있는 전자게임기 및 주변장치에 대한 시험 평가와 국제통용 기준을 포괄적으로 포함하고 있습니다.

제4장

통신의 영역, 'SAS vs G2S'

슬롯머신의 변천 역사 및 시대의 흐름 속에서 슬롯머신의 회계와 보안 문제가 대두된 1976년에 세계 최초로 밸리(Bally)사가 만든 SDS(Slot Data Systems)가 출시되었습니다. 밸리(Bally)사는 처음으로 SMIB(Slot Machine Interface Board)라는 슬롯머신 연동 보드 개념을 만들었습니다. 초기 SMIB 형태는 개별 슬롯머신 안에 SMIB를 넣고 전기적 메커니즘을 이용한 와이어 하네스(전기 전자 장치에 전원 및 전기적 신호를 제공하는 장치)를 슬롯머신의 하드 미터기나 여러 개의 도어 스위치에 연결하여 상태 값을 받는 방식으로 단순한 동전의 투입이나 도어 개폐상태 등을 확인하는데 사용했습니다.

1980년대 중반 즈음 혁신적인 기술을 기반으로 밸리(Bally)사로부터 시장을 빼앗았던 IGT사가 멀티 사이트 프로그레시브 잭팟(Multi-Site Progressive Jackpot) 기술과 관련된 메가벅스(MegaBucks) 머신들이 서로 연결되어 시리얼 기반에서 통신할 수 있는 IGT SAS 프로토콜(IGT's Slot Accounting Systems Protocol)을 개발하여 시장을 석권하였습니다.

이후 미국이 주도하는 게이밍 표준협회 GSA(Gaming Standard Association)와 IGT사가 공동으로 1초에 19,200비트를 통신하는 시리얼 링크 기반의 SMIB와 좀 더 많은 데이터를 보낼 수 있는 지금의 SAS(Slot Accounting System) 프로토콜(Protocol)을 표준화하여 관련 산업에서 통용되는 표준 통신규약으로 개발하였습니다.

20여년이 지난 지금도 관련 산업에서 대다수의 통신 기준으로 사용되고 있는 시리얼 근거리 통신규약의 SAS는 초기 시장의 요구에 맞게 머신의 미터 값이나 고장 난 상태정보를 확인하는데 효과적인 통신규약이었으나, 플레이어와 연관된 데이터 수집이나 머신의 원격 설정 등은 지원하지 않는 한계가 있었습니다.

결국 1990년대에 SAS와 관련된 시스템 개발사들은 SMIB에 카드리더기를 연동하고, 키패드, 버튼, 디스플레이 장치 등을 붙여서 Player Tracking이라는 프로그램 모듈을 개별 개발사마다 비표준 영역으로 개발하여 시장에 출시하였습니다.

2000년대 초반부터 인터넷 기술 환경의 변화와 시장의 요구에 맞는 새로운 TCP/IP 통신규약이 요구되기 시작하였습니다. 결국 게이밍 표준협회(GSA)는 2000년대 중반에 SAS 통신규약에 대한 더 이상의 개발연구와 기술지원을 하지 않겠다고 선언하고 새로운 TCP/IP 통신규약인 G2S(Gaming to System)로 전 세계 확률형 게임머신의 통신을 표준화 하겠다고 발표하였습니다.

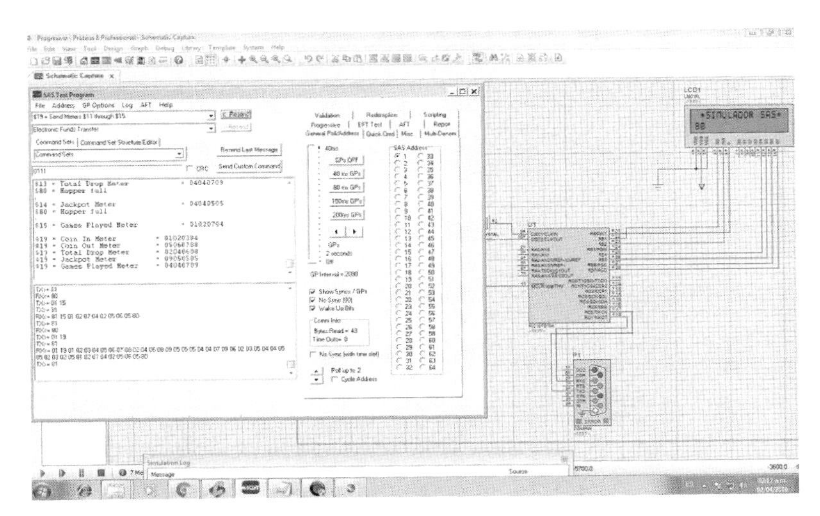

IGT SAS 테스트기와 설계 예시

1. SAS 6.02의 변천 역사

초기 SAS의 설계 사상은 머신의 미터 정보와 이벤트 로그 이력 정보를 자동으로 수집하는 것이었습니다. 이후, 슬롯머신의 기능적 변화와 맞물려 보너스 지급, 티켓 발행 및 차감, 전자적 금액 전송의 캐시리스(Cashless) 등을 위해 프로토콜이 추가 확장되어 개발되었습니다.

SAS의 모든 버전은 이전 버전과 호환성이 있도록 설계되었습니다. 머신이 이해할 수 없는 명령어가 시스템에서 발행되는 경우, 머신은 단순히 명령어를 무시할 뿐 머신 자체에서 에러나 비정상적인 운영이 되지는 않습니다. 반면, 시스템에서 이해할 수 없는 머신의 이벤트가 발생되어 전달되더라도 시스템이 비정상적으로 운영되지 않도록 설계되어 있습니다. 프로토콜 버전 측면에서는 머신의 운영 환경에 따라서 선택적으로 적용되도록 되어 있습니다. 예를 들어 비디오 슬롯머신에서는 릴의 기계적 오류에 의한 신호가 발생하는 이벤트 메시지를 구현하지 않습니다.

SAS 버전 2.0에서는

이후 버전에서 사용된 모든 기본적인 개념이 제공되기 시작했습니다. 기본적인 미터 값과 기본 이벤트 리포팅 기능이 포함되었습니다. 예를 들면, 코인-인(Coin-In), 코인-아웃(Coin-out), 잭팟(Jackpot), 캔슬 크레디트(Cancelled Credit), 게임 플레이드(Game Played), 지페인식기(Bill Validator) 미터와 같은 미터 값과 도어 오픈/클로즈드(Door Open/Closed), 파워 온/오프(Power on/off), 드롭 도어 오픈/클로즈드(Drop door Open/Closed), 핸드페이 잭팟(Handpay Jackpot) 이벤트 리포트 기능이 포함되었습니다.

SAS 버전 3.0에서는

전자적인 금액 전송(EFT, Electronic Fund Transfer)의 초기 형태가 포함되었습니다. EFT에는 캐시어블 크레디트(Cashable Credit), 논캐시어블 크레디트(Non-cashable Credit), 프로모셔널 크레디트(Promotional Credit)로 구분되어 다운로드(Download) 되는 기능과 캐시어블 크레디트(Cashable Credit)로 시스템에 업로드(Upload) 되는 기능이 제공되었습니다.

당시의 EFT는 크레디트(Credit)를 기준으로 하여 여러 가지 운영 측면의 문제와 보안적인 문제가 제기되었습니다. 결국 더 안전한 형식으로 SAS의 최종 버전인 6.02에서는 AFT(Advanced Fund Transfer)로 대체되어 사용되고 있습니다.

SAS 버전 4.0대에서는

멀티 게임 개념, 보너스 지급 개념, SAS 제어 프로그레시브(SAS Controlled Progressive), 실시간 이벤트 리포팅 기능 등이 추가되었습니다. 멀티 게임 개념은 멀티 게임이 포함된 머신의 모든 게임의 회계정보를 가져올 수 있는 회계개념을 포함시킨 것입니다. 보너스(Bonus) 지급 개념은 미스터리 잭팟(Mystery Jackpot) 기능, 매칭 베팅 기능과 기타 일반적인 보너스 종류를 지원하는 개념을 포함시켰습니다. 실시간 이벤트 기능은 이벤트 정보를 좀 더 빠르게 수집할 수 있는 기능을 포함시켰으며, SAS 제어 프로그레시브(SAS Controlled Progressive) 기능은 시스템에 연결된 모든 머신에게 시스템이 마치 프로그레시브 컨트롤러(Progressive Controller)처럼 통신상에서 브로드캐스팅(Broadcasting)을 할 수 있도록 기능을 추가하였습니다. 4.0대부터 시스템 모니터링이 좀 더 손쉬워지기 시작했습니다.

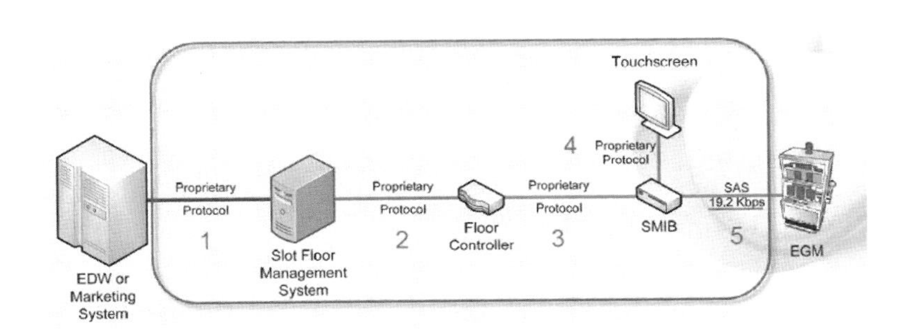

SAS 기반의 슬롯머신 관리 시스템 구성도 예시

SAS 버전 5.0대에서는

티켓 인(Ticket-in)/티켓 아웃(Ticket-out) 기능을 지원하도록 되었습니다. 추가적인 기능에서는 머신에서 티켓의 발행과 차감을 보안 알고리즘을 이용하여 수행할 수 있도록 지원하였을 뿐 아니라 티켓의 거래량과 총량적인 거래금액을 확인할 수 있는 미터 값들이 추가되었습니다. 또한 머신에서 플레이어가 베팅을 할 수 있는 단위금액인 여러 개의 권종으로 크레디트 플레이(Credit Play)를 선택할 수 있는 멀티 데놈(Multi Denomination) 기능을 위한 미터 값이 추가되었습니다. 3.0대의 EFT 기능을 대체할 수 있는 보다 안전한 알고리즘의 AFT(Advanced Fund Transfer)가 개발되어 플레이어가 카지노의 개인 계좌를 통해서 캐시어블 크레디트(Cashable Credit)를 여러 머신으로 자유롭고 안전하게 이동하여 게임을 즐길 수 있도록 하였으며, 티켓 기능과 연동하여 카지노 프로모션을 지원하도록 하였습니다.

SAS 버전 6.0대에서는

카지노 관리감독 시스템과 머신들을 상호 연계하는 시발이 되었고, 게이밍 표준협회가 채택한 최초의 산업통용 표준통신규약으로 발표되었습니다. SAS 6.02버전을 마지막으로 게이밍 표준협회에서는 추가기능 개발을 멈춘 상태입니다. 현재 게이밍 표준협회에서는 G2S 3.0대를 선보이고 있으며, 시장에서는 SAS와 G2S가 혼용되어 사용되고 있는 과도기적 상태입니다.

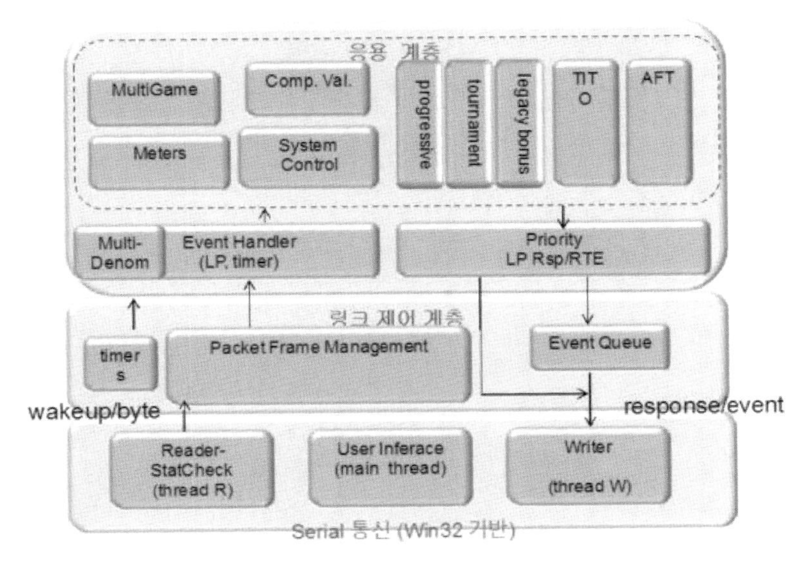

SAS 개념 구조도

SAS 6.02의 총론

SAS 프로토콜은 EGM과 호스트(Host) 시스템 간의 물리적, 논리적 연동을 위한 규정을 정리한 것입니다.

EGM과 호스트(Host) 시스템 간의 통신 속도는 19,200 보드(baud)이며, 웨이크업 비트(Wakeup Bit)를 사용합니다. EGM과 호스트(Host) 시스템이 통신하는 방식은 복수의 EGM을 하나의 데이터 수집 장치로 체인화 하는 데이지 체인(Daisy Chain) 방식과 한 대의 EGM을 상대로만 통신하는 스마트 인터페이스 보드(Smart Interface Board)를 연결하여 통신하는 방식으로 구분됩니다.

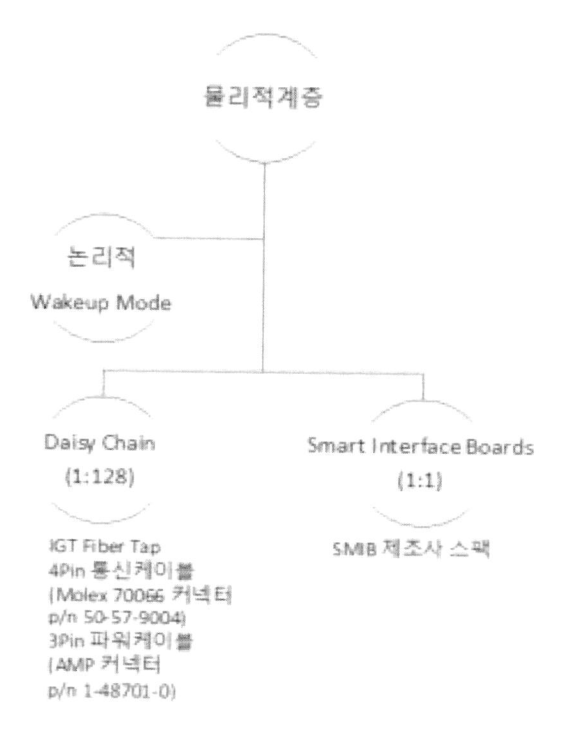

SAS의 물리적 통신 구성 조건

데이지 체인(Daisy Chain) 방식을 사용하여 통신하는 경우는 EGM은 반드시 0~127까지의 어드레스를 관리자가 설정할 수 있도록 지원하여야 합니다. 단, 머신의 어드레스가 '0'으로 설정되는 경우는 EGM은 호스트(Host)와의 모든 통신을 무시하도록 합니다.

호스트 시스템(Host System)은 EGM에게 제너럴 폴(General Poll)과 롱 폴(Long Poll)을 송신하여 데이터를 요구합니다. 호스트(Host)가 EGM의 각종 이벤트 정보를 얻기 위해서는 제너럴 폴(General Poll)을 EGM에게 보내야 합니다. 제너럴 폴(General Poll)의 경우,

EGM은 발생된 이벤트(예: 도어 개폐, 지폐 수령, 핸드페이 발생 등)를 표시하는 익셉션 코드(Exception Code)를 싱글 바이트로 답변합니다.

호스트(Host)가 EGM의 코인-인 미터와 같이 특정한 회계정보와 관련된 미터 값을 알고자 하는 경우는 호스트(Host)는 관련된 데이터를 요청하는 특정 롱 폴(Long Poll)을 요청해야 합니다. 롱 폴(Long Poll)의 경우, EGM은 어드레스(Address), 호스트 명령어(Host Command), 요구 데이터(Request Data), 2바이트 CRC 순으로 구성하여 답변합니다.

호스트(Host) 시스템이 EGM의 ROM을 인증해야 하는 경우는 ROM 서명 요구(Signature request)를 보내야 합니다. 이 경우 EGM은 서명(Signature)이 생성되는 동안에는 호스트(Host)와 통신을 반드시 지속되고 있어야 합니다. EGM이 서명(Signature) 생성을 완료한 후에는 호스트(Host)가 송신하는 다음 제너럴 폴(General Poll)의 답변에 포함시켜서 송신하여야 합니다. 본 응답패턴은 호스트(Host)의 ROM 서명(Signature) 요청에만 해당합니다.

호스트(Host)는 프로그레시브(Progressive) 브로드캐스팅을 수행해서 복수 개의 EGM에게 프로그레시브(Progressive) 정보를 제공할 수 있습니다. 호스트(Host)는 프로그레시브 레벨별 코인-인(Coin-In) 적립정보를 코인-인(Coin-In) 금액의 차이 값 및 EGM의 코인-인(Coin-In) 익셉션(Exception)과 실시간 게임시작 이벤트 등 3가지를 통해서 얻을 수 있습니다.

토너먼트 운영을 지원하는 EGM을 위해서 호스트(Host)는 엔터/엑시트 토너먼트 모드(Enter/Exit Tournament Mode) 명령어를 이용할 수 있습니다. 이 명령어에는 토너먼트 시간, 시작 크레디트 및 토너먼트 인에이블/디스에이블(Enable/Disable) 펄스 값이 포함됩니다. 특정 시간을 기준으로 하는 토너먼트의 경우는 '0' 크레디트(Credit) 값을 입력하고 특정 금액을 기준으로 하는 토너먼트의 경우에는 '0' Time값을 설정합니다. 토너먼트 모드에서 빠져나오기 위해서는 해당 명령어에 타임(Time) 값과 크레디트(Credit) 값을 '0'로 설정하여 EGM에 보내야 합니다.

실시간성으로 EGM의 익셉션(Exception)을 받기위해서 호스트(Host)는 EGM의 실시간 이벤트 리포팅(Real-Time Event Reporting) 모드를 활성화 할 수 있습니다. 1 바이트의 익셉션(Exception) 코드로 응답하는 대신, EGM이 자신의 어드레스(Address), 이벤트 응답 ID(Event Response Identifier), 익셉션 코드(Exception Code), 추가 데이터와 2 바이트 CRC 순(이벤트 응답, Event Response 형식)으로 응답합니다.

실시간 이벤트 리포팅(Real-Time Event Reporting) 모드에서는 EGM은 롱 폴(Long Poll) 명령어에 이벤트 응답(Event Response) 형식으로 응답합니다.

호스트(Host)는 보너스 어워드(Bonus Awards)와 멀티플라이드(Multiplied) 잭팟을 발행하는 보너스 컨트롤러(Controller) 역할을 EGM에게 할 수 있습니다. 보너스 어워드(Bonus Awards)는 EGM이 한 개의 보너스 금액을 지급하도록 지시합니다. 또한 멀티플라이드 잭팟(Multiplied jackpots)은 EGM이 보너스를 지급하기 전에 특정한 윈스(Wins)를 증가하도록 EGM을 설정할 수 있습니다.

잭팟 핸드페이(Jackpot Handpays) 리셋에 관련되어 좀 더 나은 유연성을 제공하기 위해, 호스트(Host)는 EGM에 펜딩(Pending) 중 잭팟 핸드페이(Jackpot Handpay) 금액을 EGM의 크레디트 미터(Credit Meter)로 재설정하도록 할 수 있습니다. 핸드페이 록업(handpay lock-up) 기능을 유지하면서, 높은 데놈의 EGM에서 운영자(Attendant)가 수기로 지불하는 잭팟(Jackpot) 금액을 줄일 수 있습니다.

시스템이 높은 수준의 현금 티켓 아웃 또는 핸드페이(Handpay)의 보안을 필요로 하는 경우, 향상된 유효성 검사 유형에 대한 지원이 제공됩니다. 동일한 슬롯머신 모니터링 시스템에 연결된 모든 EGM에서 특정한 EGM이 인쇄한 티켓을 사용할 수 있도록 지원됩니다.

플레이어가 게임 플레이를 위해 둘 이상의 크레디트 값 중에서 선택할 수 있는 EGM에 대한 지원이 추가되었습니다. 시스템은 게임별 및 데놈별 미터 값과 플레이 현황을 추적할 수 있습니다.

- 향상된 기능으로는 확장된 미터를 더 잘 지원할 수 있습니다. 호스트가 확장된 형식으로 미터를 요청하면 EGM은 미터 당 최대 18자리를 제공할 수 있습니다. 제한적 및 제한 없는 프로모션 티켓에 대한 추가 지원이 추가되었습니다.
- AFT(Advanced Fund Transfer)는 전자적인 캐시리스 시스템을 수행하는 개선된 강력한 방법을 제공합니다.
- 컴포넌트 인증 프로토콜을 추가하여 EGM에서 실행되고 있는 모든 프로그램 및 기타 고정 데이터가 지역 관할에서 허가한 데이터와 부합하는지를 원격으로 인증하는 메커니즘을 추가 하였습니다.

서로 다른 시스템 및 제조사의 EGM과의 최대수준의 호환성을 유지하기 위해서는 가능한 모든 스펙을 따르는 것이 중요하며, 특히 티켓 및 펀드 트랜스퍼(Fund Transfer)에 관련되어 기능을 구현할 때는 더욱 중요합니다.

다만, EGM 설계와 몇몇 프로세스는 SAS 규격의 의도가 아니며, SAS 이전에 다른 프로토콜이 존재했었다는 사실을 이해해야 합니다. 특히 중요한 것은 SAS의 규약과 관할구역의 요구사항이 직접적으로 충돌하는 경우는 반드시 법적 요구조건을 우선으로 따라야 합니다.

2. SAS 통신구조의 이해

SAS가 물리적 논리적으로 정상 통신되기 위해서는 반드시 세 가지의 규칙 조건이 지켜져야 합니다. 머신의 어드레스(Address) 규칙, 호스트 폴링(Host Polling) 규칙, 타이밍 규칙입니다.

어드레스(Address) 규칙은 0부터 127 중 택일하여 설정하되, 0의 경우는 통신이 거부 되는 상태입니다. 반드시 머신의 메모리 에러 시 자동으로 0의 값이 설정되도록 합니다. 머신 운영 시에는 0의 값을 제외한 번호로 머신 어드레스(Address)를 설정해야 합니다.

호스트 폴링(Host Polling) 규칙은 머신의 이벤트 및 상태를 조회할 때는 제너럴 폴(General Poll)을, EGM의 특정 정보를 조회하거나 설정 시에는 롱 폴(Long Poll)을 시스템 호스트가 머신에게 보내야 합니다. 전송 시 데이터 포맷은 BCD, 아스키(ASCII), 바이너리(Binary)를 규정대로 보내야 하며, 전송 시의 메시지 길이에는 어드레스(Address)

와 명령어, 길이(Length) 선언, CRC 값은 포함하지 않습니다.

타이밍과 관련된 규칙은, EGM의 리스폰스 타이밍 제한, 인터바이트 딜레이 타이밍 제한, 폴링(Polling) 주기에 대한 타이밍 제한으로 나누어집니다.

EGM의 리스폰스 타이밍 제한은 20ms 이내이어야 하며, 한번 타이밍 제한을 초과하게 되면, 통신 상태 값을 초기화하기 전까지는 계속 시스템에서는 EGM이 비정상적인 통신 상태로 인식하도록 규약되어 있습니다.

인터바이트 지연 제한은 EGM과 시스템(System)에서 명령어를 전송하거나 리스폰스 할 때 한 메시지 간의 최대 지연 시간은 5ms 이내로 전송이 종료되어야 하며, 5ms를 초과하여 전송된 메시지는 유효하지 않은 메시지로 처리됩니다.

폴링(Polling) 주기에 대한 타이밍 제한은 EGM이 시스템 호스트로부터 최소 200ms에서 최대 5,000ms 이내에 추가적인 명령어를 받지 못하면 시스템 호스트와의 통신 상태가 비정상적인 것으로 인식하도록 규칙화 되어 있습니다.

단, 티켓 기능이나 실시간 이벤트 모드를 지원하는 머신의 경우는 폴링(Polling) 주기에 대한 기능이 최소 40ms를 지원해야 합니다. 즉, 슬롯머신을 신규로 도입하여 티켓에 대한 기능을 운영하고자 하는 카지노의 관리자는 머신의 폴링 레이트(Polling Rate) 또는 폴링(Polling) 주기가 최소 40ms를 지원하는지를 슬롯머신 유통업체에 확인하여야만 안정적인 TITO 서비스를 운영할 수 있습니다.

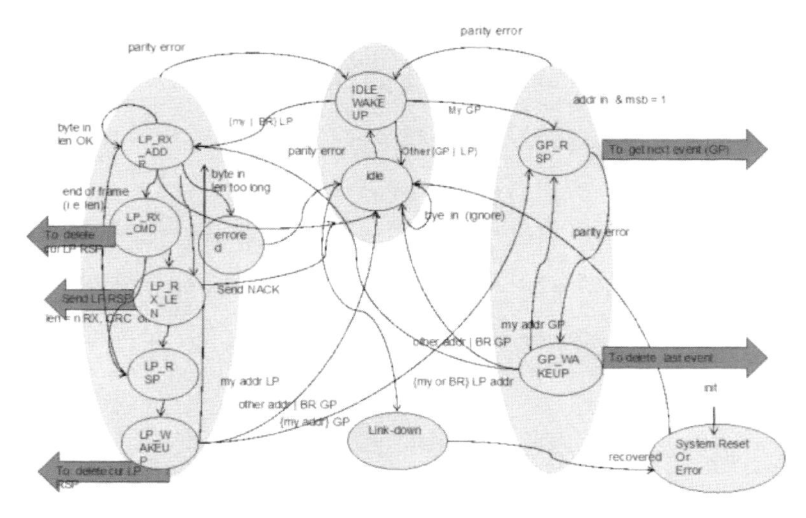

SAS 통신 개념 이해

제너럴 폴(General Poll)

제너럴 폴(General Poll(GP))이라고 불리는 명령어는 머신의 이벤트나 상태를 확인하고자 할 때 사용됩니다. 마치 계속 "몇 번 머신아!, 나한테 보고할 새로운 일 있니?"라고 물어보는 것과 같습니다. '80'이라는 명령어에 헥사 값으로 연산된 머신 어드레스(Address)를 연산하여 표기하는 것으로 명령어에 웨이크업(Wakeup) 비트를 포함하여 보내는 것으로 합니다.

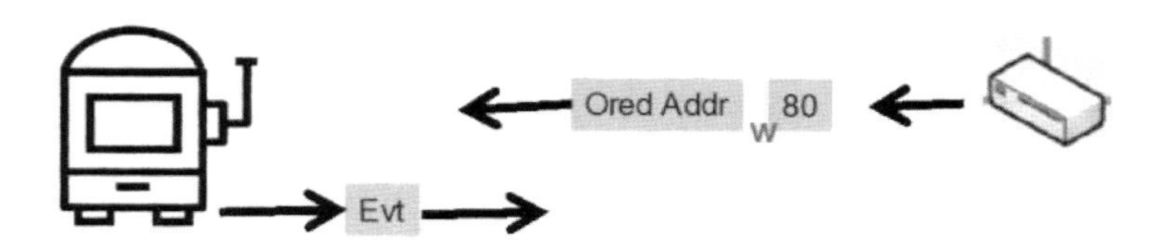

제너럴 폴링(General Polling) 개념

이에 따라 EGM이 리스폰스 하는 답변은 일반적인 답변(General Exception)과 우선순위의 답변(Priority Exception)으로 구분됩니다. 일반적인 답변(General Exception)은 최대 20개까지 선입선출방식으로 큐(Queue)에 보관한 후 순차적으로 답변합니다. 우선순위의 답변(Priority Exception)은 큐(Queue)에 저장하지 않고 일반적인 답변(General Exception)의 순서를 무시하고 언제나 먼저 답변합니다.

일반적인 답변(General Exception)의 큐(Queue)가 20개를 초과하는 경우, '70'이라는 우선순위의 답변(Priority Exception)을 머신이 발행하여 현재 20개 이상의 머신의 상태에서 변경되는 이벤트가 있음을 시스템 호스트에게 알려 줍니다. 복수 개의 우선순위의 답변(Priority Exception)이 발생한 경우는, 머신의 아래의 우선순위에 의해서 시스템 호스트에 알려 주어야 합니다.

1. 57 System validation request
2. 67 Ticket has been inserted
3. 68 Ticket transfer complete
4. 3F Validation ID not configured
5. 6A AFT request for host cashout
6. 6B AFT request for host to cash out win
7. 6F Game locked
8. 56 SAS progressive level hit
9. 3D A cash out ticket has been printed
10. 3E A handpay has been validated
11. 69 AFT transfer complete
12. 6C AFT request to register
13. 6D AFT registration acknowledged
14. 51 Handpay is pending

15. 52 Handpay reset
16. 8F Authentication complete
17. 70 Exception buffer overflow

롱 폴(Long Poll)

롱 폴(Long Poll(LP))이라고 불리는 명령어는 호스트가 머신의 미터 값을 정보조회하거나 설정 값을 전송할 때 사용합니다.

롱 폴(Long Poll)은 크게 R 타입, S 타입, M 타입, G 타입으로 구분됩니다. R 타입의 명령어는 주로 시스템 호스트가 머신의 기본 정보나 미터 값을 조회하는 경우에 사용되며, 머신은 자신의 어드레스를 포함하여 해당 커맨드에 대한 데이터를 CRC를 첨부하여 답변합니다. 웨이크업(Wakeup) 비트는 명령어를 송신할 때만 사용되며 머신은 웨이크업(Wakeup) 비트를 삭제하고 보냅니다.

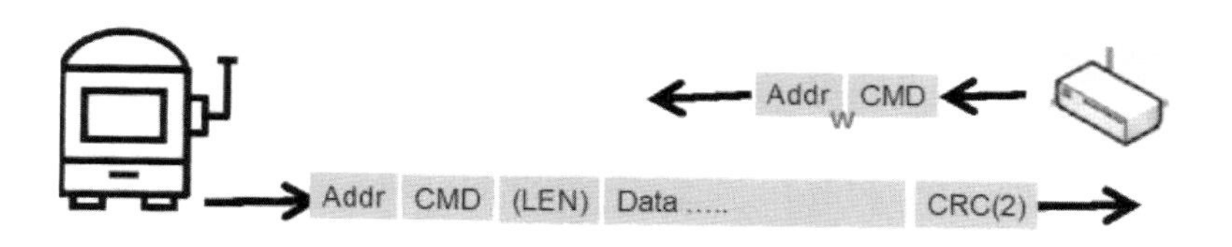

R 타입의 롱 폴(Long Poll) 개념

S 타입의 명령어는 호스트 시스템이 머신의 운영 환경 및 기능을 설정할 때 사용되며, 머신은 해당 명령어에 대하여 짧게 답변하거나, 상세하게 답변하거나, 해당하지 않는다고 답변하거나 무시합니다. 웨이크업(Wakeup) 비트는 명령어를 송신할 때만 사용되며 머신은 웨이크업(Wakeup) 비트를 삭제하고 보냅니다.

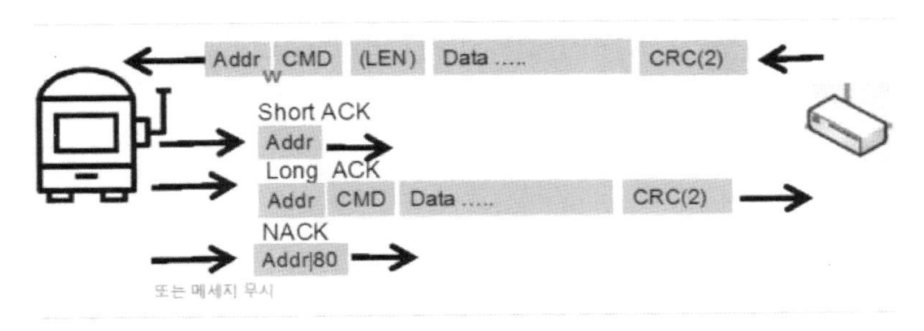

S 타입의 롱 폴(Long Poll) 개념

M 타입의 명령어는 주로 호스트 시스템이 멀티 게임의 설정 값을 전송하거나 미터 값을 조회하는데 사용됩니다. 머신은 해당 명령어에 대하여 짧게 답변하거나, 상세하게 답변하거나, 해당하지 않는다고 답변하거나 무시합니다. 단, 머신 전체의 데이터를 의미하는 경우는 게임 번호를 '0'으로 설정하여 조회하거나 명령을 보내고 답변하도록 합니다. 웨이크업(Wakeup) 비트는 명령어를 송신할 때만 사용되며 머신은 웨이크업(Wakeup) 비트를 삭제하고 보냅니다.

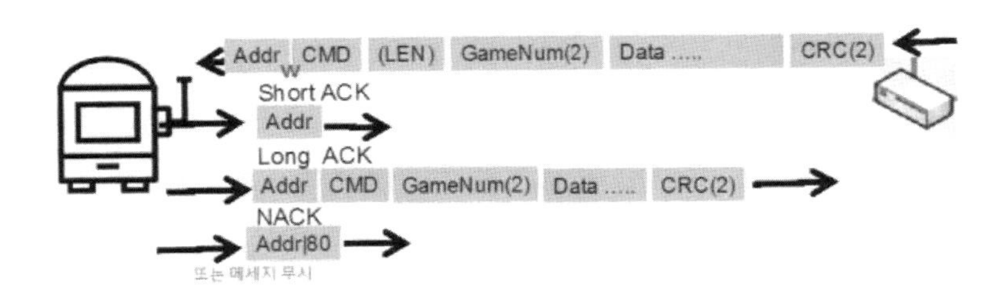

M 타입의 롱 폴(Long Poll) 개념

G 타입의 명령어는 브로드캐스팅 방식으로 모든 머신에게 동시에 특정 정보를 전달해야 하는 경우에 사용됩니다. 다른 타입의 명령어

와는 다르게 머신이 리스폰스를 하지 않는 통신 구조이므로 메시지의 유효성에 대한 부분은 호스트 시스템에서 주기적으로 송신하여 업데이트해야 합니다.

G 타입의 롱 폴(Long Poll) 개념

호스트 인식(Host Acknowledgement)

아래의 표와 같이 호스트 시스템과 머신 사이의 통신 메시지의 정상적인 상태를 암묵적으로 인식하는 규칙이 있습니다. 호스트 시스템이 첫 번째 전송한 명령어에 대해 머신에게서 답변을 받은 후, 다른 명령어를 폴링 레이트(Polling Rate) 이내에 보내면 머신은 자신이 보낸 답변이 정상적으로 호스트에서 수집되었다고 생각하고 저장했던 큐(Queue)에서 삭제합니다.

Implied Ack 규칙	IDLE	GP RSPed	LP RSPed
BR GP	Ignore	Implied ack	Implied ack
BR LP	Rx it	Implied ack & Rx it	Implied ack & Rx it
My GP	Rx & Rsp w. Event	Repeat cur event	Implied ack
My LP Same CMD	Rx & Rsp	n/a	Repeat cur rsp
My LP DIFF CMD	n/a(cur_cmd == null)	n/a	Implied ack
Other GP	Ignore	Implied ack	Implied ack
Other LP	Ignore	Implied ack	Implied ack

반면 머신이 답변을 보낸 후 첫 번째 전송한 명령어와 동일한 명령어를 2회 이상 보내면 머신은 암묵적으로 호스트 시스템과 정상적인 통신상태가 아니라고 생각하고 큐(Queue)에 저장된 익셉션(Exception)을 사용하지 않고 통신이 비정상이라고 머신 화면에 표시해야 합니다.

또한 호스트 시스템은 3회 이상 동일 명령어를 송신하고도 답변을 받지 못한 경우는 해당 머신의 기타 통신 내역을 무시하고 가능한 빨리 통신 상태를 초기화하여 동기화합니다.

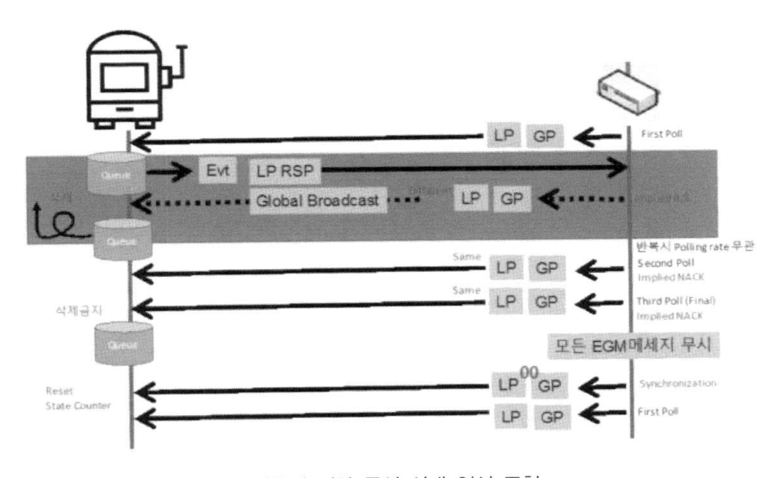

암묵적 정상 통신 상태 인식 규칙

통신 에러 상태

정상적으로 작동하던 머신에 통신 에러가 발생하는 경우는 주로 4가지의 경우입니다. 첫 번째는 명령어가 호스트 시스템으로부터 전송된 바로 그 시간에 머신이 시간에 민감한 내부 프로세스를 처리하고 있어 해당 명령어에 대한 답변을 하지 못하였거나 바쁘다고 답변한 경우입니다. 머신이 답변을 송신하고 있거나 송신하려는 찰나 웨이크업(Wakeup) 비트를 포함한 명령어를 받으면, 해당 송신을 바로 중단하여 충돌을 회피해야 합니다.

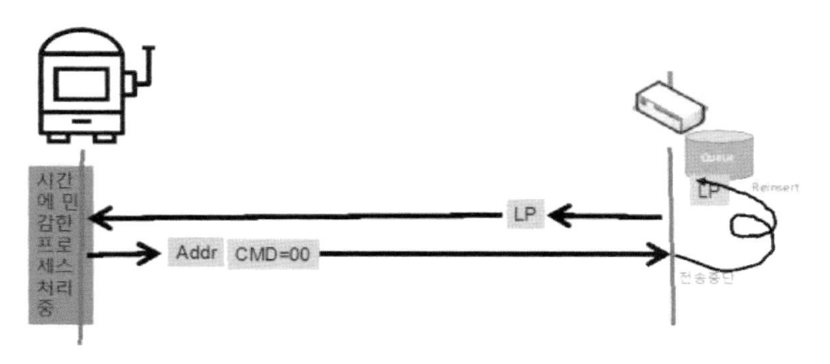

머신 비지(Machine Busy) 상태

두 번째 경우는 루프 브레이크 지시(Loop Break Indication) 상태로, 초기 SMIB 통신 네트워크 형태인 Daisy Chain 방식(머신 직렬연결 통신)을 사용한 환경에서 연결된 다수의 머신들 중 특정한 머신에서 물리적인 시리얼 케이블에 이상이 있어 정상적으로 통신이 되지 않는 것으로 호스트 시스템의 폴링(Polling)이 없이 웨이크업(Wakeup) 비트를 답변에 넣어서 200ms 간격으로 계속 송신하도록 합니다. 이 경우는 물리적인 시리얼 케이블을 교체하거나 교체 이전에 호스트 시스템을 동기화하여 통신을 재접속해 보아야 합니다.

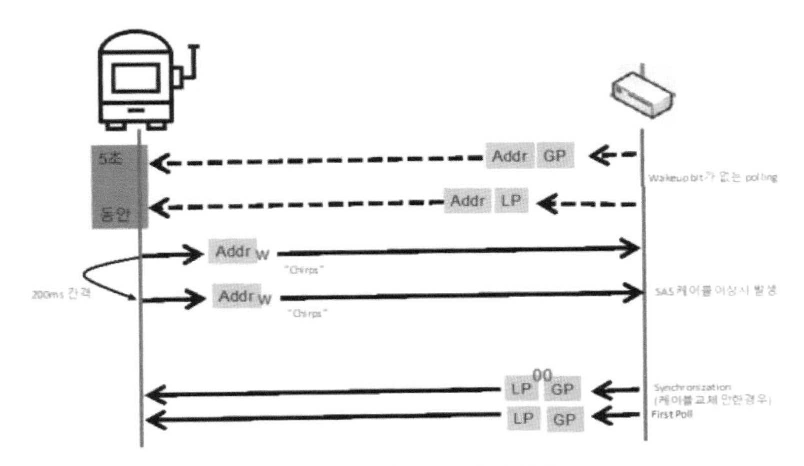

데이지 체인에서 루프가 끊긴 상태

세 번째로 호스트 시스템에서 암묵적인 인식(Ack) 상태이거나 30초 이내에 또 다른 명령어를 머신이 받지 못하면 링크 다운 감지(Link Down Detection) 상태로 비정상인 통신 상태임을 머신이 표시해야 합니다.

마지막으로 머신이 이해할 수 없는 명령어를 보면 Nack 하지 않고 무시해야 합니다.

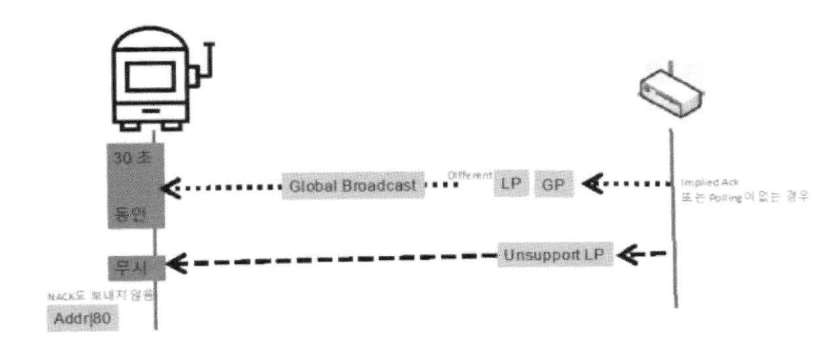

케이블 연결이 끊어진 상태

ROM Signature (전자 서명) 인증

모든 머신은 CCITT 16-bit CRC 알고리즘에 의해서 사전에 검증된 전자 서명 값을 호스트 시스템에서 요청하면 반드시 답변하여야 합니다. ROM 서명(Signature)에는 머신의 BIOS, 확장 BIOS, MBR, OS 파티션, 게임 프로그램 파티션, 페이테이블(Paytable)에 대한 정보가 포함되어 답변되어야 합니다. 머신의 불법적인 개조 변조를 감독기관에서 확인하고자 할 때 사용하는 명령어입니다.

호스트 시스템이 EGM의 ROM을 인증해야 하는 경우는 ROM 서명 요구(Signature request)를 롱 폴(Long Poll) 명령어로 보내야 합니다. 이 경우 머신은 서명(Signature)이 생성되는 동안에는 호스트 시스템과 통신을 반드시 유지하고 있어야 합니다. 머신이 서명(Signature) 생성을 완료한 후에는 호스트 시스템이 보낸 첫 번째 제너럴 폴(General Poll)의 답변에 포함시켜서 송신하여야 합니다. 본 응답 패턴은 호스트(Host)의 ROM 서명(Signature) 요청에만 해당합니다.

익셉션(Exception)의 종류

제너럴 폴(General Poll)에 대한 머신의 응답은 물리적인 상태를 표시하는 제너럴 익셉션(General Exception(물리적 익셉션, Physical Exception))과 시간에 민감한 프로세스를 처리하는 논리적인 상태를 표시하는 우선순위 익셉션(Priority Exception(비즈니스 익셉션, Business Exception))으로 구분합니다.

동전이나 지폐 등의 수거와 관련되어 보안적인 이유로 가장 중요한 것은 머신의 도어가 '열리고 닫히고' 입니다. 물론 도어의 위치에 따라 개폐를 구별하여 식별할 수 있도록 규정되어 있습니다.

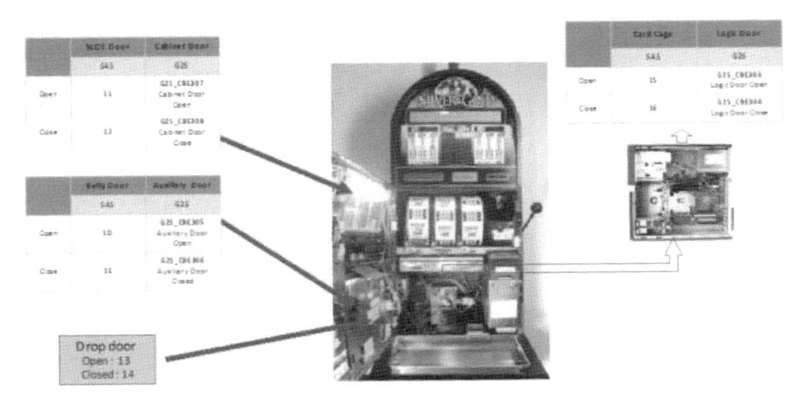

도어 개폐 상태에 따른 이벤트 발생

머신의 가동여부를 확인하기 위해 머신 전원 온/오프 및 머신의 개폐 감지장치의 전원 온/오프도 식별할 수 있습니다.

머신의 전원 온/오프에 따른 이벤트 발생

머신의 영업을 중단하고 플레이어가 게임을 하지 못하도록 하거나, 미터 정보를 직접 확인하거나, 관리자가 설정을 바꾸기 위해서 관리자 모드로 변경했거나 등 머신의 설정 변경을 물리적으로 시도하려는 이력을 관리하기 위해 해당 이벤트를 발생시킵니다.

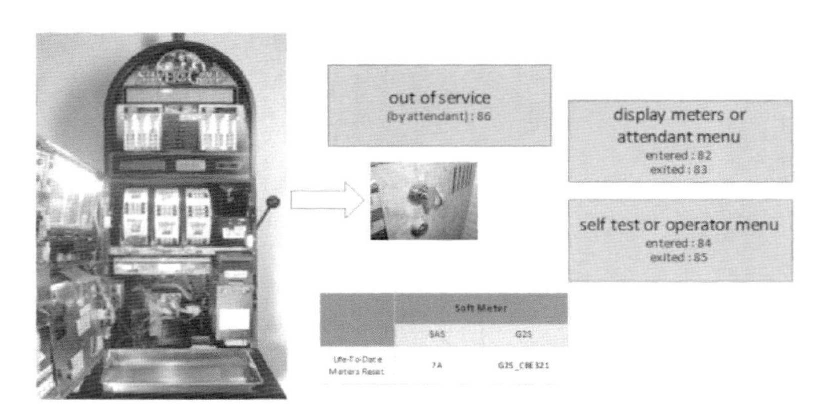

머신의 화면 접속 상태에 따른 이벤트 발생

머신의 권종과 에러 상태를 표시하는 톱 라이트(Top Light)의 상태와 프린터 상태 등을 표시합니다.

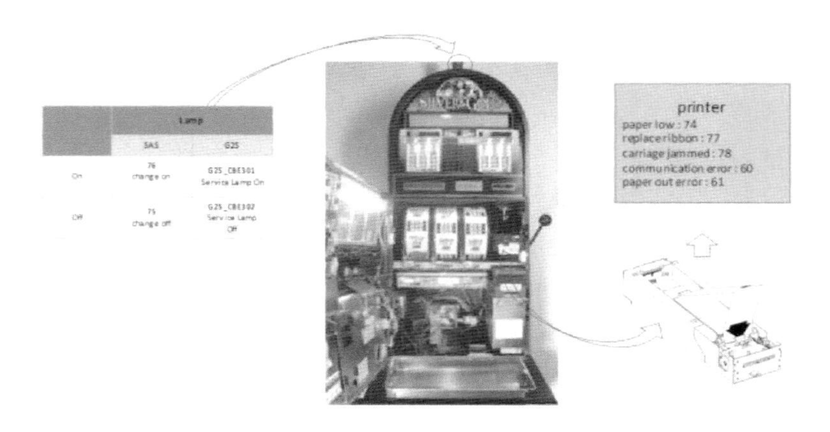

머신의 램프와 프린터 상태에 따른 이벤트 발생

동전 투입과 동전 배출에 관련된 상태 정보를 표시합니다.

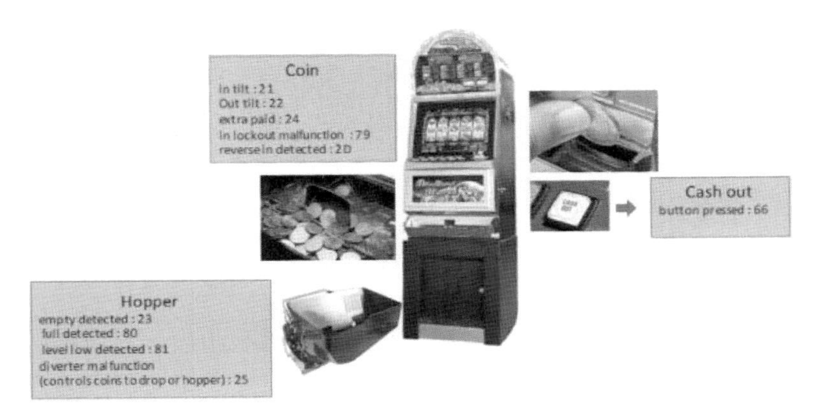

동전과 관련된 이벤트 발생

지폐수거함에 관련된 상태 정보를 표시합니다.

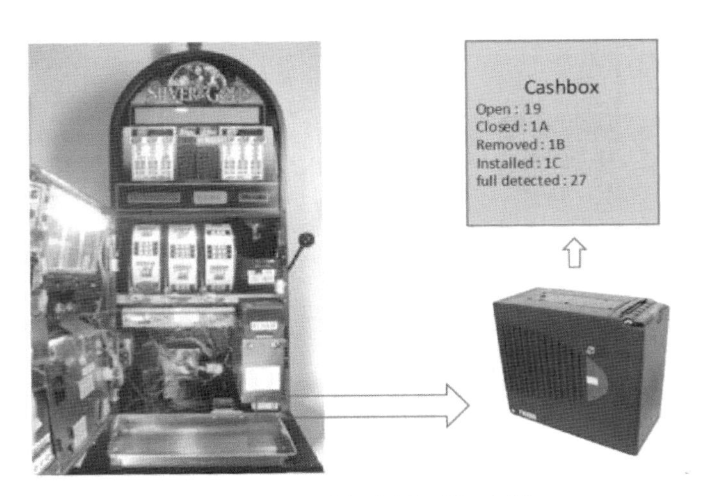

지폐수거함과 관련된 이벤트 발생

티켓과 현금성 지폐를 투입하는 지폐인식기(Bill Validator)의 상태를 표시합니다.

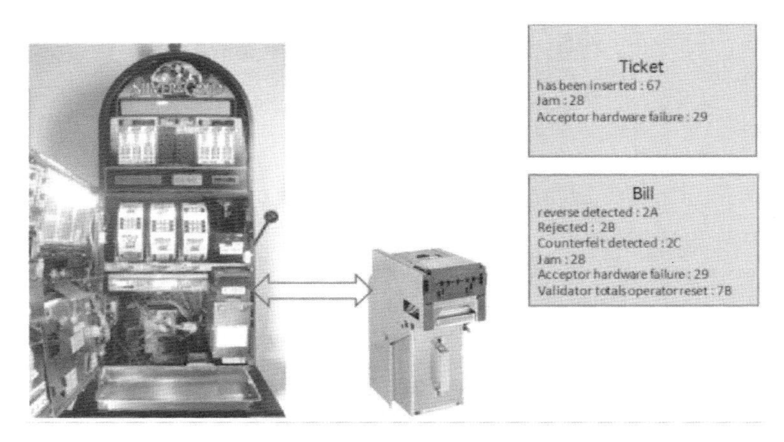

지폐인식기와 관련된 이벤트 발생

전자적인 릴의 고장 여부를 표시하기도 합니다.

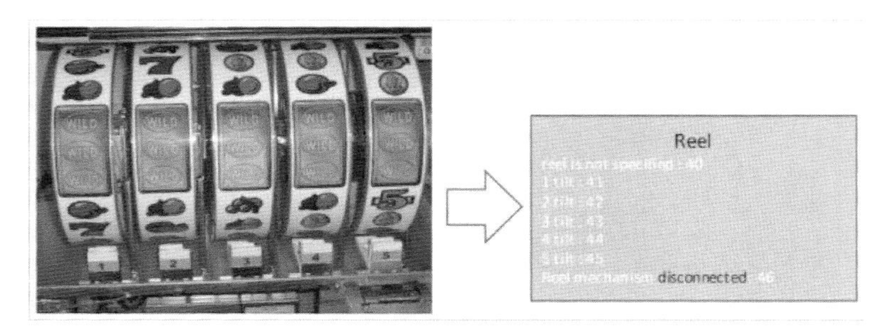

릴과 관련된 이벤트 발생

우선순위 익셉션(Priority Exception(**비즈니스 익셉션**, Business Exception))**은**

머신과 호스트 시스템을 연동하여 발생되는 프로세스의 논리적 상태를 표시하는, 시간과 민감한 상태로서 항상 제너럴 익셉션(General Exception)보다 우선하여 머신은 처리하도록 해야 합니다.

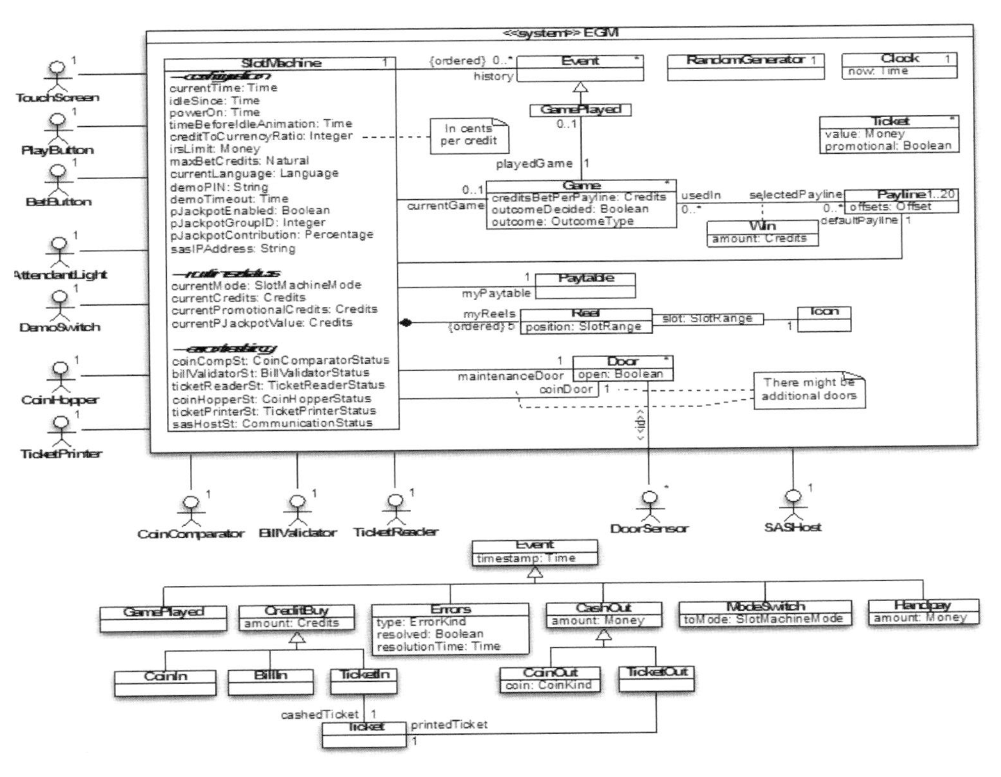

슬롯머신 사용자 케이스 모델

핸드페이(Handpay)는 크게 2가지 경우에 발생합니다. 먼저 게임의 결과로 발생되는 배당금액이 크레디트(Credit)로 전환될 때, 크레디트(Credit)로 표시할 수 있는 금액을 초과하는 경우와 플레이어가 캐시아웃(Cashout) 버튼을 눌러서 크레디트(Credit)에 있는 금액을 회수하려 할 때 지급 제한금액을 초과했거나 머신이 직접 지불할 수 있는 방법이 없을 때 발생됩니다.

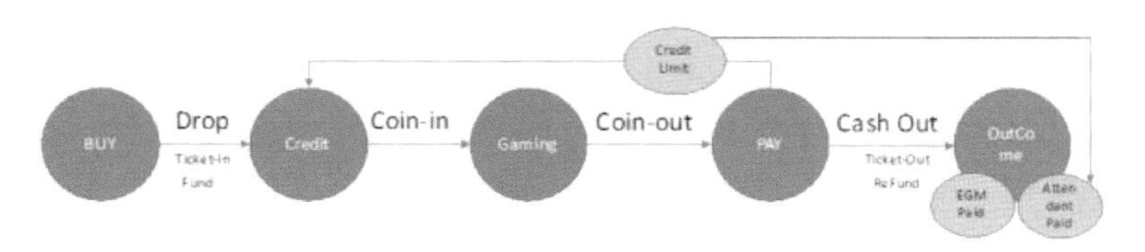

핸드페이 발생 개념도

핸드페이(Handpay)는 단순한 머신의 물리적인 상태가 아닌 운영과정에서 발생되는 논리적인 상태입니다. 아래의 예제는 머신에서 핸드페이(Handpay)가 발생되었을 때 큐(Queue) 관련된 이벤트를 넣은 후 머신이 해야 할 프로세스와 핸드페이(Handpay)가 원격 또는 수동으로 리셋 되었을 때의 프로세스의 예입니다. 예처럼 핸드페이(Handpay)와 관련된 업무 프로세스에서 프로세스의 개시나 완료를 의미합니다.

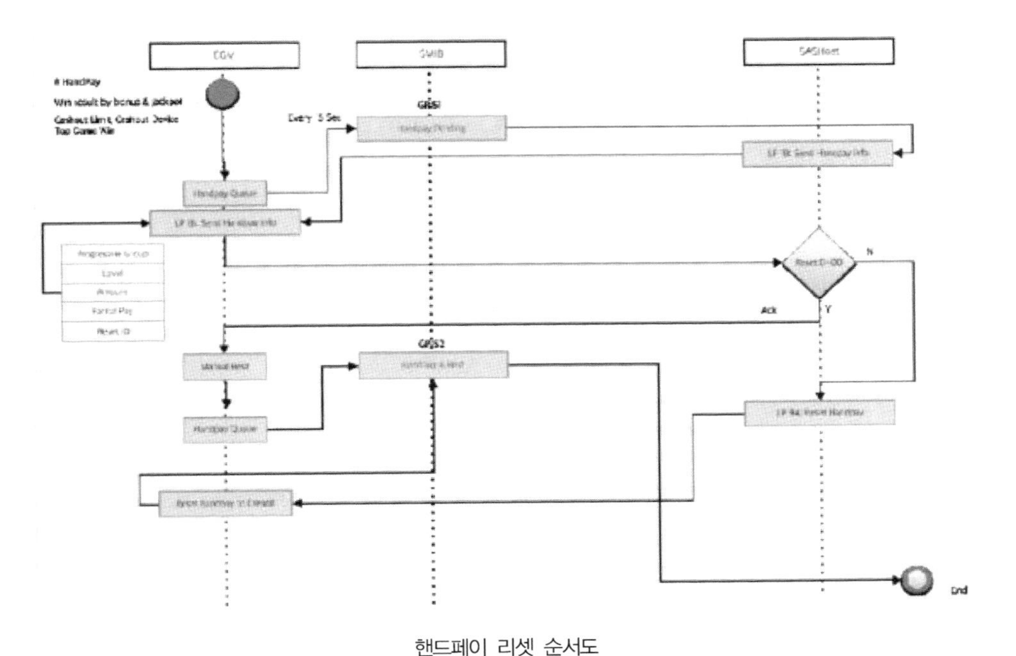

핸드페이 리셋 순서도

또 다른 우선순위 익셉션(Priority Exception)의 사례는 티켓을 발급하는 프로세스에서 발생되는 익셉션(Exception)들입니다. 티켓 프린터가 장착이 되어 있는 슬롯머신에서 플레이어가 캐시아웃 버튼을 누른 후, 해당 지불금액이 제한금액을 초과하지 않은 경우입니다. 단, 제한금액을 초과하는 경우는 머신은 핸드페이(Handpay)에 해당하는 익셉션(Exception)을 발행해야 합니다.

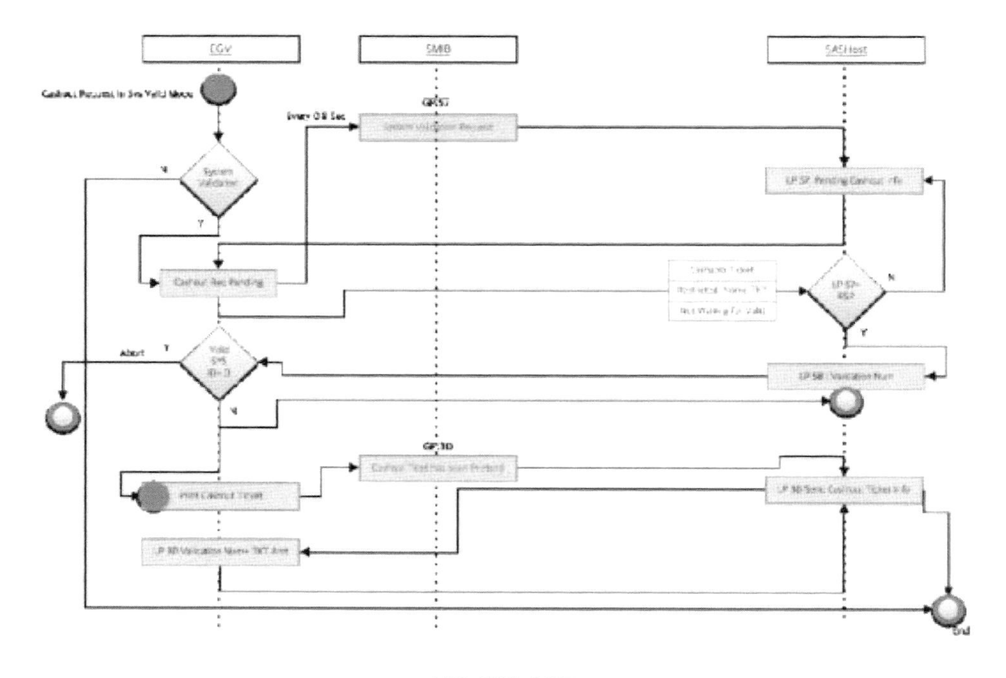

티켓 발행 순서도

예제 다이어그램처럼, 플레이어가 캐시아웃을 누른 경우, 머신은 시스템 밸리데이션 리퀘스트(System Validation Request)라는 우선순위 익셉션(Priority Exception)을 발생시켜서 해당 머신과 출력될 티켓에 표기될 인증번호를 호스트 시스템으로부터 획득하고 티켓 출력이 완료되면 해당 프로세스가 정상적으로 끝난 것을 시스템에 알려주기 위해 '캐시아웃 티켓이 인쇄되었습니다.(Cash out Ticket has been Printed)'라고 또 다른 우선순위 익셉션(Priority Exception)을 발행합니다.

티켓이 머신에서 차감되어 크레디트(Credit)를 구매하는 과정은 머신에 장착되어 있는 지폐인식기(Bill Validator)에 바코드가 장착된 티켓이 들어오면 해당 바코드 번호와 인증 번호를 시스템에게 전달하기 위해 '티켓이 삽입되었습니다.(Ticket Has Been Inserted)'라는 우선순위 익셉션(Priority Exception)을 발행하고, 정상적으로 티켓이 인증되어 크레디트(Credit) 구매가 이루어지면 '티켓 전송 완료(Ticket Transfer Complete)'라는 우선순위 익셉션(Priority Exception)을, 비정상적으로 인증되어 티켓 차감을 거절한 경우에는 지폐인식기(Bill Validator)에서 해당 티켓을 지급 거절한 후, '티켓 거절됨(Ticket Rejected)'라는 우선순위 익셉션(Priority Exception)을 발행하도록 합니다.

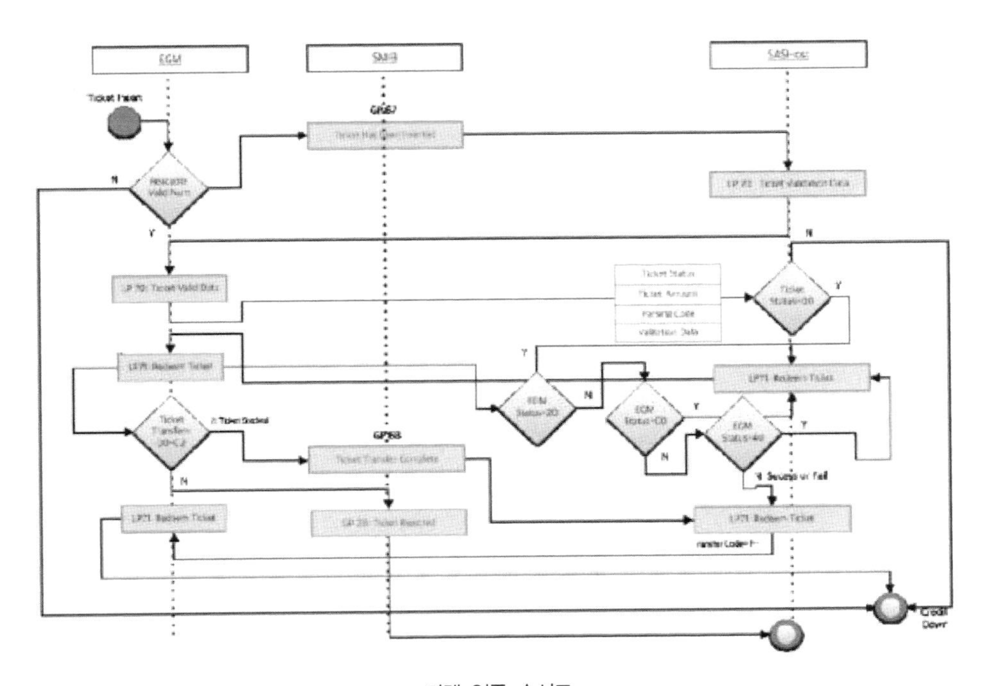

티켓 인증 순서도

이외 머신이 표현해야 하는 다양한 상태와 운영 프로세스 상에서 발생해야 할 익셉션 리스트(Exception List)는 아래와 같이 SAS 6.02에 명시하고 있습니다.

- Slot door was opened
- Slot door was closed
- Drop door was opened
- Drop door was closed
- Card cage was opened
- Card cage was closed
- AC power was applied to gaming machine
- AC power was lost from gaming machine
- Cashbox door was opened
- Cashbox door was closed
- Cashbox was removed
- Cashbox was installed
- Belly door was opened
- Belly door was closed
- No activity and waiting for player input (obsolete)
- General tilt (Use this tilt when other exception tilt codes do not apply or when the tilt condition cannot be determined.)
- Coin in tilt
- Coin out tilt
- Hopper empty detected
- Extra coin paid
- Diverter malfunction (controls coins to drop or hopper)
- Cashbox full
- detected Bill jam
- Bill acceptor hardware failure
- Reverse bill detected
- Bill rejected
- Counterfeit bill detected
- Reverse coin in detected

- Cashbox near full detected
- CMOS RAM error (data recovered from EEPROM)
- CMOS RAM error (no data recovered from EEPROM)
- CMOS RAM error (bad device)
- EEPROM error (data error)
- EEPROM error (bad device)
- EPROM error (different checksum – version changed)
- EPROM error (bad checksum compare)
- Partitioned EPROM error (checksum – version changed)
- Partitioned EPROM error (bad checksum compare)
- Memory error reset (operator used self test switch)
- Low backup battery detected
- Operator changed options (This is sent whenever the operator changes configuration options.)
- A cash out ticket has been printed
- A handpay has been validated
- Validation ID not configured
- Reel Tilt (Which reel is not specified.)
- Reel 1 tilt
- Reel 2 tilt
- Reel 3 tilt
- Reel 4 tilt
- Reel 5 tilt
- Reel mechanism disconnected
- $1.00 bill accepted (non-RTE only)
- $5.00 bill accepted (non-RTE only)
- $10.00 bill accepted (non-RTE only)
- $20.00 bill accepted (non-RTE only)
- $50.00 bill accepted (non-RTE only)
- $100.00 bill accepted (non-RTE only)
- $2.00 bill accepted (non-RTE only)
- $500.00 bill accepted (non-RTE only)
- Bill accepted
- $200.00 bill accepted (non-RTE only)

- Handpay is pending (Progressive, non-progressive or cancelled credits)
- Handpay was reset (Jackpot reset switch activated)
- No progressive information has been received for 5 seconds
- Progressive win (cashout device/credit paid)
- Player has cancelled the handpay request
- SAS progressive level hit
- System validation request
- Printer communication error
- Printer paper out error
- Cash out button pressed
- Ticket has been inserted
- Ticket transfer complete
- AFT transfer complete
- AFT request for host cashout
- AFT request for host to cash out win
- AFT request to register
- AFT registration acknowledged
- AFT registration cancelled
- Game locked
- Exception buffer overflow
- Change lamp on
- Change lamp off
- Printer paper low
- Printer power off
- Printer power on
- Replace printer ribbon
- Printer carriage jammed
- Coin in lockout malfunction (coin accepted while coin mechanical disabled)
- Gaming machine soft (lifetime-to-date) meters reset to zero
- Bill validator (period) totals have been reset by an attendant/operator
- A legacy bonus pay awarded and/or a multiplied jackpot occurred
- Game has started Game has ended Hopper full detected
- Hopper level low detected
- Display meters or attendant menu has been entered

- Display meters or attendant menu has been exited
- Self test or operator menu has been entered
- Self test or operator menu has been exited
- Gaming machine is out of service (by attendant)
- Player has requested draw cards (only send when in RTE mode)
- Reel N has stopped (only send when in RTE mode)
- Coin/credit wagered (only send when in RTE mode, and only send if the configured max bet is 10 or less)
- Game recall entry has been displayed
- Card held/not held (only send when in RTE mode)
- Game selected Component list changed
- Authentication complete
- Power off card cage access
- Power off slot door access
- Power off cashbox door access
- Power off drop door access

관리 감독을 위해 알아야 할 SAS의 롱 폴(Long Poll) 리스트

슬롯머신에게 한 개의 미터 값을 물어보는 싱글 미터 어카운팅 롱 폴(Single Meter Accounting Long Poll)은 R 타입의 롱 폴(Long Poll)로 머신의 미터 값을 불러올 것 인가, 아니면 머신 안에 있는 특정한 데놈의 미터 값을 불러올 것인가에 따라 두 가지 메시지 형태로 나누어집니다. 머신 번호와 해당 명령어를 이용하는 경우는 머신의 미터 값을 조회할 수 있으며, 특정한 데놈의 미터 값인 경우는 해당 게임의 번호를 그림 112와 같은 메시지 형태로 선언하여 호출하여야 합니다.

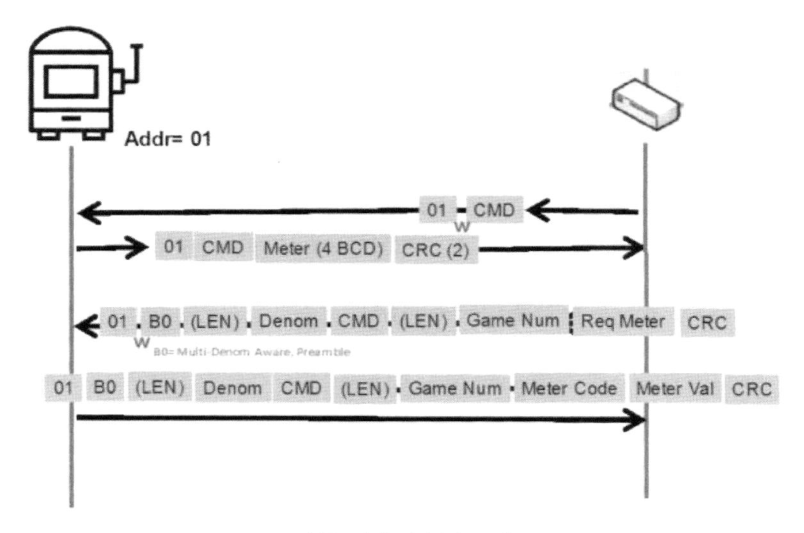

싱글 미터 값 불러 오기

싱글 미터 값에 해당하는 롱 폴(Long Poll)은 아래와 같습니다.

- Send total cancelled credits meter
- Send total coin in meter
- Send total coin out meter
- Send total drop meter
- Send total jackpot meter
- Send games played meter
- Send games won meter
- Send games lost meter
- Send current credits
- Send total dollar value of bills meter
- Send true coin in
- Send true coin out
- Send current hopper level
- Send $1.00 bills in meter

- Send $2.00 bills in meter
- Send $5.00 bills in meter
- Send $10.00 bills in meter
- Send $20.00 bills in meter
- Send $50.00 bills in meter.
- Send $100.00 bills in meter
- Send $500.00 bills in meter
- Send $1,000.00 bills in meter
- Send $200.00 bills in meter
- Send $25.00 bills in meter
- Send $2,000.00 bills in meter
- Send $2,500.00 bills in meter.
- Send $5,000.00 bills in meter
- Send $10,000.00 bills in meter
- Send $20,000.00 bills in meter
- Send $25,000.00 bills in meter
- Send $50,000.00 bills in meter
- Send $100,000.00 bills in meter
- Send $250.00 bills in meter
- Send credit amount of all bills accepted
- Send coin amount accepted from an external coin acceptor
- end number of bills currently in the stacker
- Send total credit amount of all bills currently in the stacker

복수의 서로 관련된 미터 값을 동시에 알고자 하는 경우는 R 타입의 멀티플 미터 어카운팅 롱 폴(Multiple Meter Accounting Long Poll)을 사용하게 됩니다.

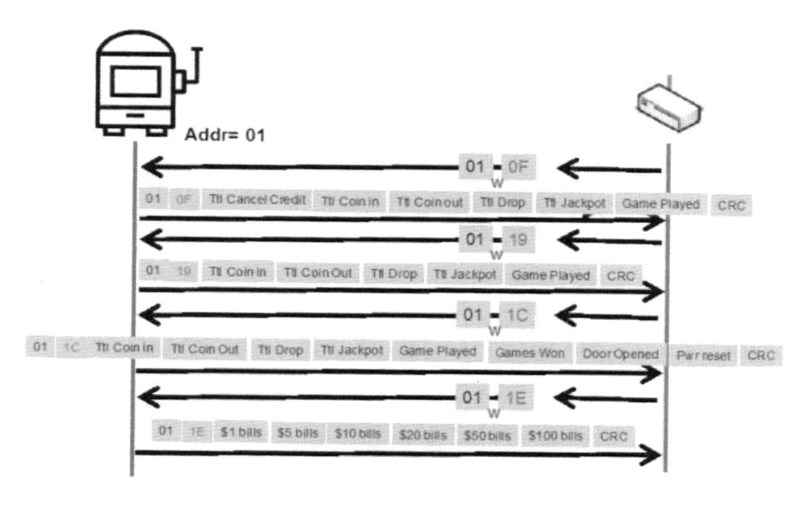

복수의 미터 불러 오기

특정한 게임의 선택한 미터 값(최대 10개)을 불러오는 롱 폴(Long Poll)은 R 타입이며, 머신 내에 게임번호를 지정하여 미터 값을 10개까지 호출하는 방식과, 머신 내에 특정한 데놈을 기준으로 해당 게임 번호에서 관련된 미터 값을 10개까지 호출하는 방식으로 구분되어 있습니다. 단, 국내 화폐 단위와는 다르게 SAS의 기본적인 화폐 단위는 미국 달러 기준으로 설계되어 있기 때문에 특별히 미터 값을 확장하는 개념을 별도로 장착하지 않은 슬롯머신들은 미터 값을 8자리로 응답합니다. 국내의 화폐 단위로 산정하면 BCD로 8자리를 표기하는 것은 회계적 오류가 나올 수 있는 영역입니다. 국내 카지노업체에서 외국산 슬롯머신 시스템을 국내 환경에 맞도록 튜닝하지 않는 경우 쉽게 발생할 수 있는 감독 부분입니다. SAS 6.02에서는 미터 값의 종류마다 다소 차이는 있지만 160여개 미터의 대다수가 18자리까지 지원되도록 규정되고 있습니다. 확장 미터 값을 이용할 수 있어야 국내 화폐 단위에 맞는 관리감독이 가능합니다.

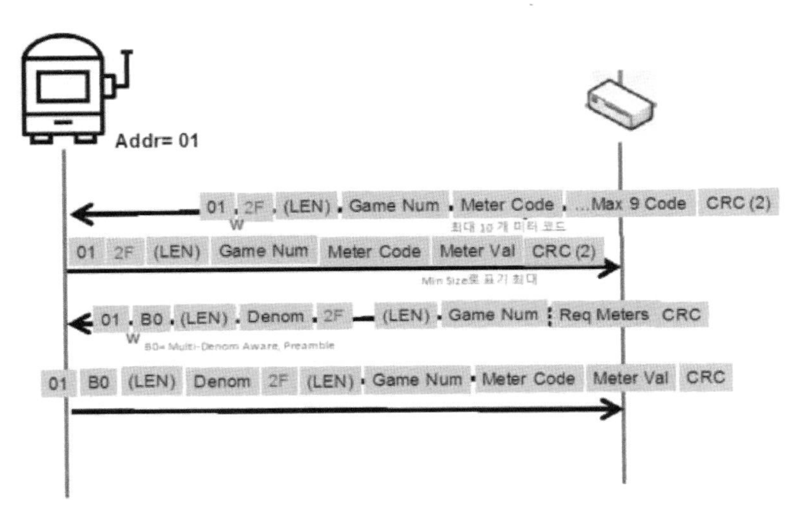

특정 게임의 미터 값 불러 오기

또한 SAS 미터 값은 종류에 따라 의미하는 단위가 크레디트(Credit), 퀀터티(Quantity(갯수)), 센트(Cent(금액))로 혼재되어 있으므로 반드시 구별하여 사용해야 하며, 인증을 필요로 하는 프로세스(핸드페이나 티켓 발행 및 차감)에서는 특히 구별하여 사용하여야 합니다.

머신의 게임 진행을 원격으로 막거나 해지하는 등에 머신의 기본 설정을 조절하여 감독할 수 있는 S 타입의 롱 폴(Long Poll)을 인에이블/디스에이블 롱 폴(Enable/Disable Long Polls)이라 합니다.

주로 게임진행 차단/해지, 사운드 온/오프, 지폐인식기 차단/해지, 유지보수 모드 진행/해지 등으로 나누어져 있습니다. 이중 게임진행 차단/해지는 게임 차체를 중단시킬 수 있는 기능으로, 원격으로 명령을 보내면 머신의 종류마다 자동으로 캐시아웃을 시키고 크레디트

(Credit) 금액을 0의 값으로 만든 후 게임진행이 차단되거나 크레디트(Credit) 금액을 남기고 바로 차단되는 경우가 머신마다 다르므로 감독업무를 위해 해당 명령을 내릴 경우는 반드시 머신별 특성이 확인되어야 합니다.

또한, 특정한 플레이어에게 더 이상 게임을 위해 지폐를 투입하지 못하게 하고 남은 금액만큼만 게임을 진행하게 하거나 영업장 종료를 위해 특정시간부터 사전에 추가적인 지폐 투입을 막아야 하는 경우 지폐인식기 차단/해지 명령을 원격으로 내릴 수 있습니다.

유지보수 모드 진행/해지는 단순히 유지보수를 위해 도어를 열었을 때 알람소리가 나지 않도록 조절하는 기능이지만, 해당 명령어를 사용하여 국내 카지노 영업 준칙에 규정하는 머신 취급 업무를 자동화 할 수 있습니다.

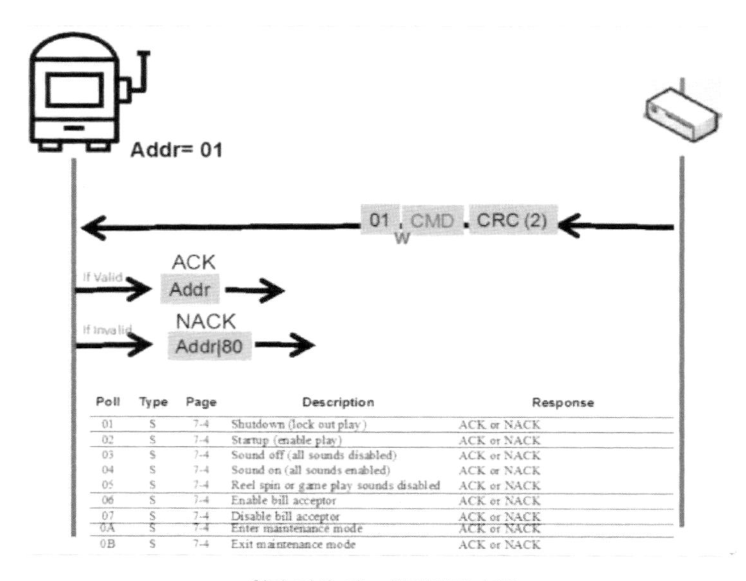

Poll	Type	Page	Description	Response
01	S	7-4	Shutdown (lock out play)	ACK or NACK
02	S	7-4	Startup (enable play)	ACK or NACK
03	S	7-4	Sound off (all sounds disabled)	ACK or NACK
04	S	7-4	Sound on (all sounds enabled)	ACK or NACK
05	S	7-4	Reel spin or game play sounds disabled	ACK or NACK
06	S	7-4	Enable bill acceptor	ACK or NACK
07	S	7-4	Disable bill acceptor	ACK or NACK
0A	S	7-4	Enter maintenance mode	ACK or NACK
0B	S	7-4	Exit maintenance mode	ACK or NACK

원격 머신 기능 차단/해지 설정

특정한 게임이나, 특정한 게임 중에 특정한 데놈을 사용 차단 또는 해지하려 하는 경우는 M 타입의 멀티 게임 롱 폴(Multi-Game Long Poll)을 사용하여 감독할 수 있습니다.

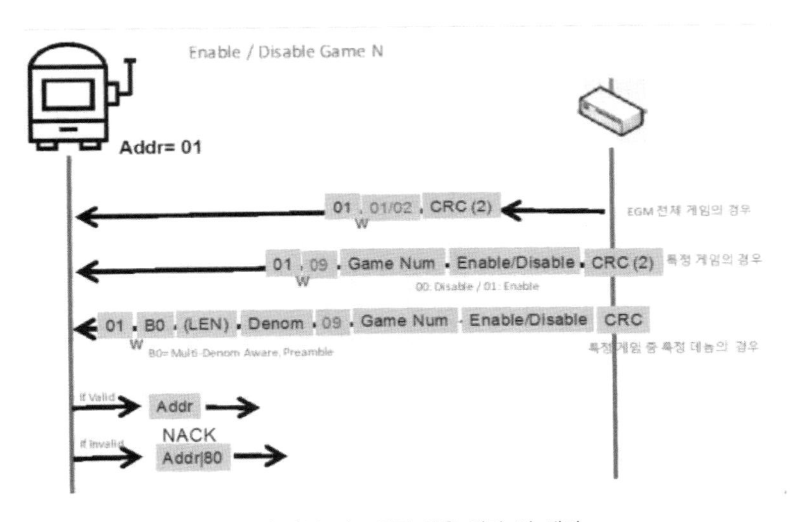

특정 게임 또는 권종 사용 차단 및 해지

머신에서 운영하는 직원들에 의해서 크레디트(Credit)가 리셋되어 핸드페이(Handpay)된 금액을 확인하는 경우는 R 타입의 '토탈 핸드 페이드 캔슬 크레디트 전송(Send Total Hand Paid Cancelled Credit)'이라는 롱 폴(Long Poll)을 사용합니다. 머신 전체의 금액과 특정 게임에서의 핸드페이(Handpay) 금액을 나누어 확인할 수 있습니다.

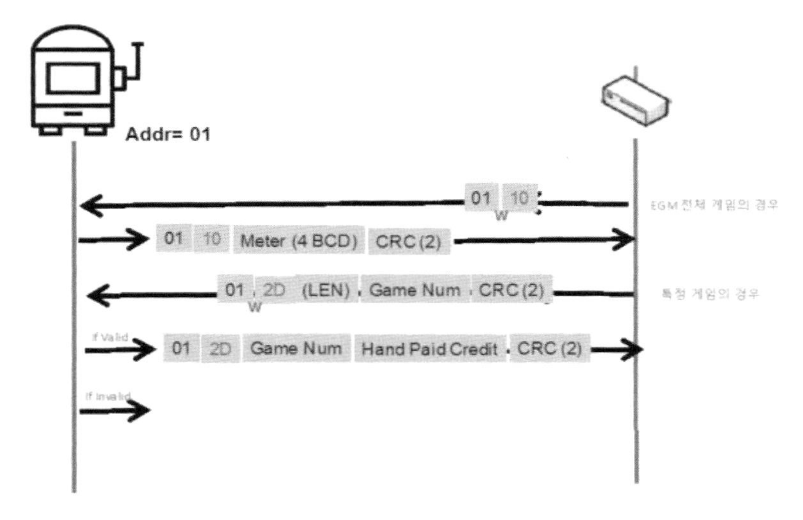

총 핸드페이 금액 확인

머신에 설치된 게임의 개수를 확인하기 위해서는 R 타입의 '실행된 게임의 숫자 전송(Send Number of Games Implemented)'이라는 롱 폴(Long Poll)을 이용하여 감독할 수 있습니다. 설치된 게임의 개수는 설치되어 있다는 것이지, 플레이가 가능한 상태가 아닐 수도 있으며, 별도의 롱 폴(Long Poll)로 확인해 보아야 합니다. SAS 6.02에서는 복수의 게임이 설치되는 경우 페이테이블(Paytable)과 개별 미터 값이 존재하며, 반드시 확장 미터(18자리)를 사용하도록 권장하고 있습니다. 물론 SAS 6.02를 판독하는 개별 프로그래머에 따라 권장된 내용이 약간씩 상이하므로 반드시 해당 슬롯머신에 대한 정합성이 사전에 확인되어야 합니다.

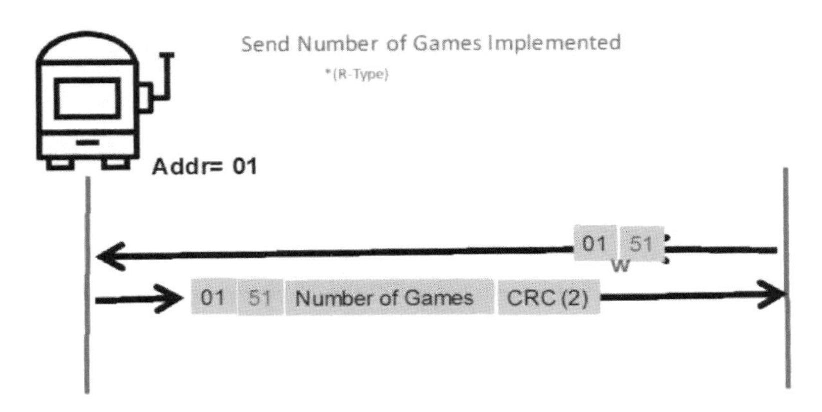

머신에 설치된 게임 개수 확인

머신에 설치된 게임의 이론적 배당률(Base %), 페이테이블(Paytable), 허용 최대 베팅금액, 데놈, 소속된 프로그레시브 그룹(Progressive Group) 등의 확률에 관련된 정보를 확인해 보기 위해서는 M타입의 '게임 N 환경설정 전송 롱 폴(Send Game N Configuration Long Poll)'을 이용해야 합니다. 표시되는 최대 베팅금액은 크레디트(Credit) 단위이므로 데놈으로 환산하여 확인해야 합니다. 해당 내용을 근간으로 국내 카지노 영업 준칙에 의해서 신고한 내용이 정확히 머신에 설정되어 있는지 비교하여 감독할 수 있습니다.

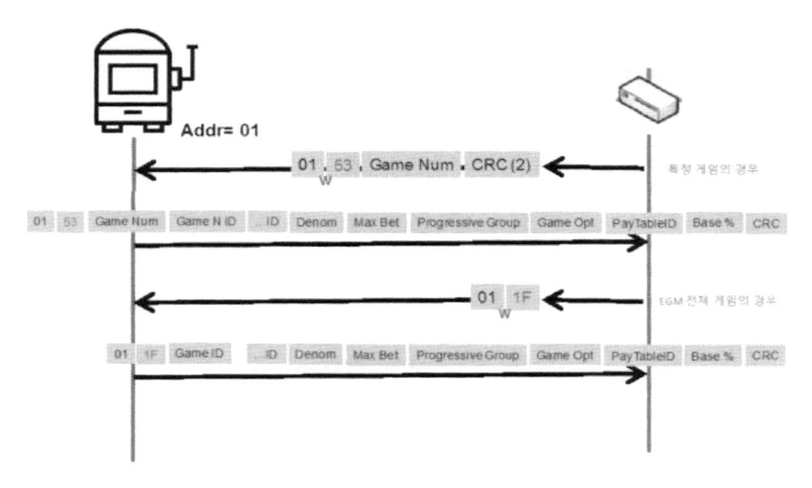

머신 또는 특정 게임의 설정 정보 확인

머신에서 현재 선택된 게임의 번호를 조회하는 방법을 이용하여 사전에 신고한 게임의 운영여부를 확인 감독할 수 있습니다. R 타입의 '선택된 게임 숫자 전송(Send Selected Game Number)'이라는 롱폴(Long Poll)을 이용합니다.

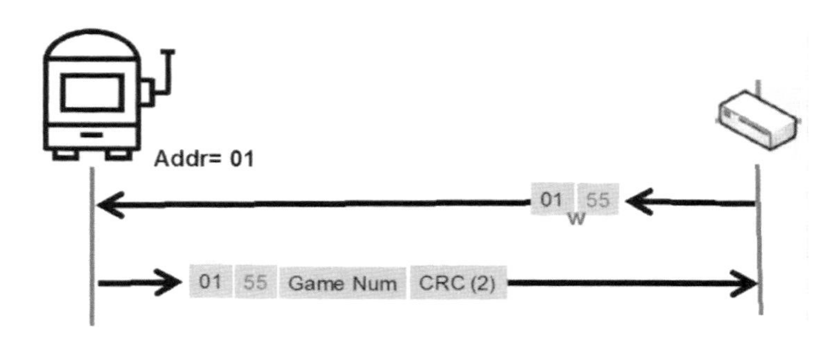

머신에 선택되어져 운영되고 있는 게임번호 확인하기

머신에서 현재 운영 가능하도록 설정되어 플레이어가 선택 가능한 게임이 몇 개가 있고 그 번호가 무엇이며, 게임을 진행할 수 있는 권종이 얼마로 등록되어 있는지 감독할 때 사용할 수 있습니다. R 타입의 '이용가능한 게임 숫자 전송(Send Enabled Game Numbers)'이라는 롱 폴(Long Poll)을 이용합니다.

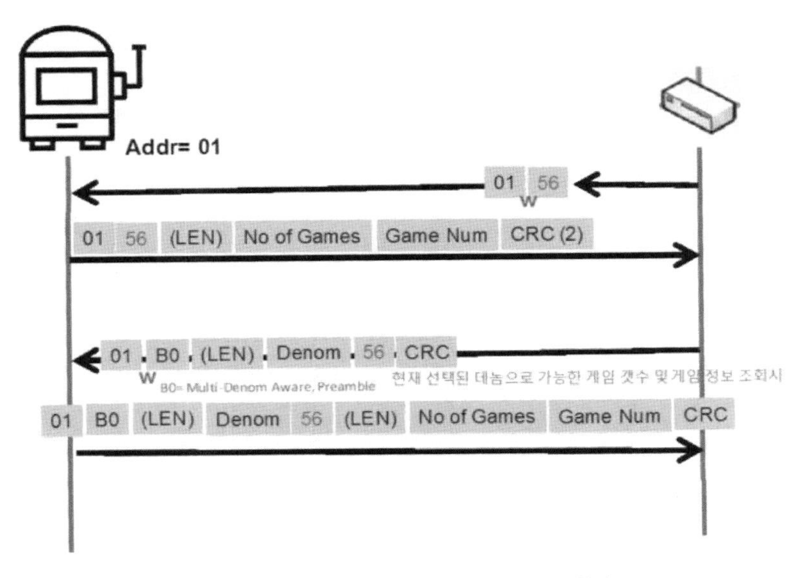

운영가능 하도록 설정된 게임번호 및 권종 확인

'머신의 전원을 켜고 나서부터 지금까지'와 '머신의 메인 도어를 닫고 나서 지금까지' 게임을 진행한 횟수를 감독할 수 있습니다. 물론 제너럴 폴(General Poll)에 의해서 머신의 전원이 켜진 시간 및 메인 도어를 개폐한 시간 역시 감독할 수 있습니다. R 타입의 '최종 전원 업 그리고 슬롯 도어 폐쇄 이후 플레이 된 게임 전송 롱 폴(Send

Game Played Since Last Power up and Slot Door Closure Long Poll)'을 이용합니다.

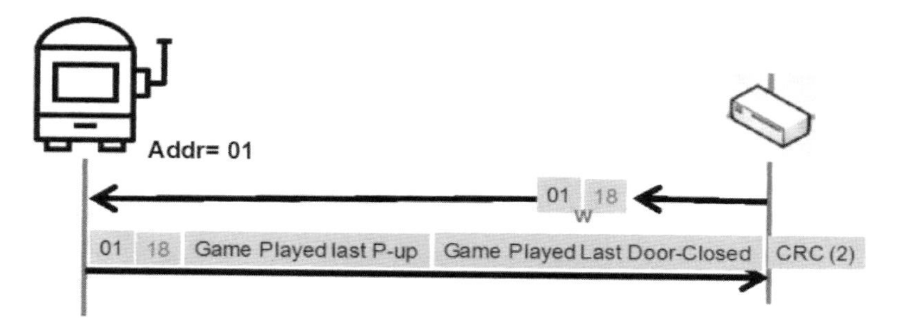

전원 온(On) 이후 및 도어 개폐 후 게임횟수 확인

머신에 의해서 게임 크레디트(Credit)로 지급하거나 티켓이나 동전으로 지급하는 형식이 아니고 특정한 금액 이상으로 게임을 이긴 경우나 제한된 캐시아웃(Cashout) 금액 이상으로 지급하려 하는 경우 핸드페이(Handpay,수지급)라는 절차에 의해서 운영자가 직접 현금으로 지급합니다. 이 경우 해당 크레디트(Credit) 금액을 지불하고 머신에 있는 잔여 크레디트(Credit)를 초기화하고 해당금액에 대한 근거를 관리감독을 위해서 보관 및 증명해야 합니다. S 타입의 핸드페이 롱 폴(Handpay Long Poll)이나 리모트 핸드페이 롱 폴(Remote Handpay Long Poll)을 사용합니다.

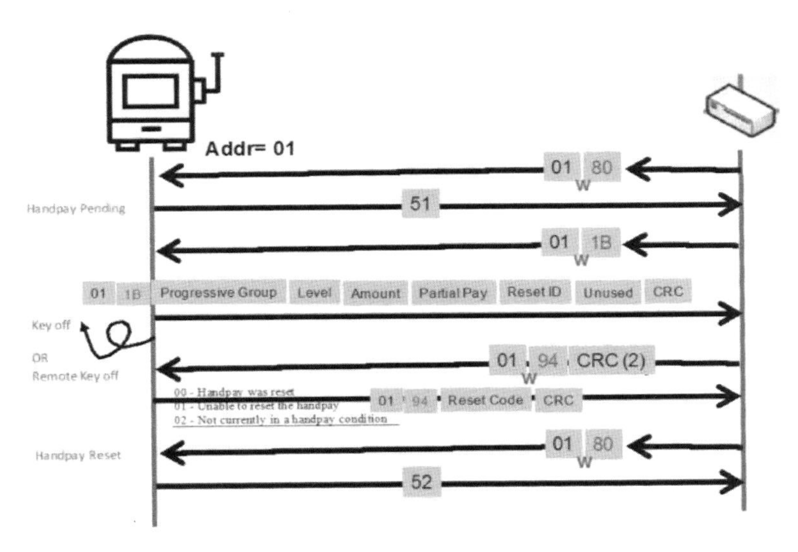

핸드페이 리셋(Handpay Reset) 근거 확인

머신의 시리얼 번호와 통신규약인 SAS의 버전을 확인하여 사전에 신고된 내용의 머신 여부와 통신 정합성을 관리감독 할 수 있습니다. R타입의 'SAS 버전 ID 그리고 게이밍 머신 일련번호 전송 롱 폴(Send SAS Version ID and Gaming Machine Serial Number Long Poll)'을 이용합니다.

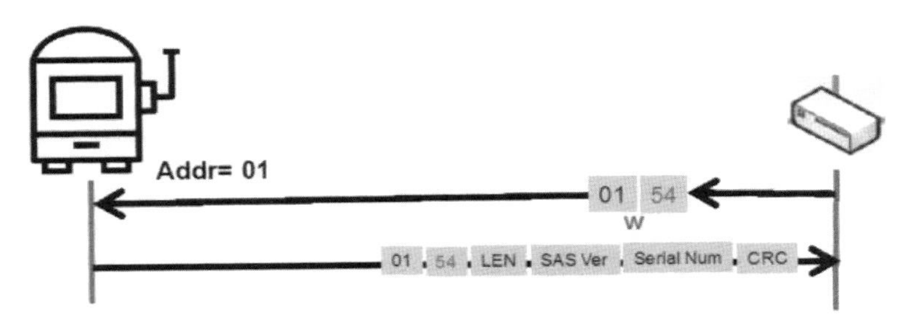

신고된 머신 제조 번호 확인

머신에 설정된 캐시아웃(Cash out) 제한금액을 확인하여 관리감독 할 수 있습니다. M 타입의 '캐시아웃 한도 전송 롱 폴(Send Cash Out Limit Long Poll)'을 이용하여 감독기관에서 허용하는 캐시아웃(Cash out) 제한금액의 설정 여부를 확인할 수 있습니다.

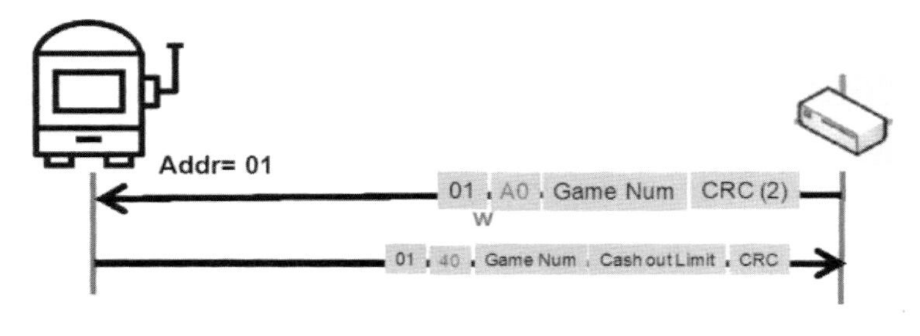

Cash Out 제한금액 확인

머신의 시간과 날짜를 감독기관의 타임 서버와 동기화하여 관리감독 시차오류를 줄일 수 있습니다. S 타입의 '날짜와 시간 수신 롱 폴(Receive Date and Time Long Poll)'을 이용하여서 머신의 이력관리 시간, 티켓발행 시간, 운영시간 모두를 동기화 합니다.

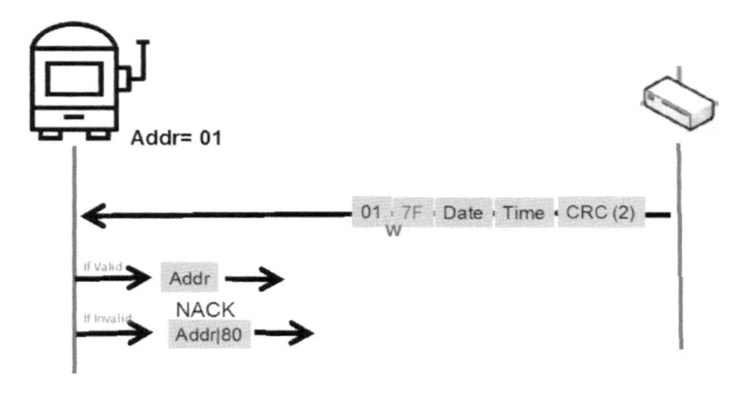

머신의 날짜 시간 동기화

머신에 운영하도록 설정되어 있는 게임별로 사전에 신고된 이론적 배당확률이 정확하게 설정되어 있는지 확인할 수 있으며, 권종별로 게임의 이론적 배당확률의 설정 정보를 확인할 수 있습니다. M 타입의 '가중된 평균의 이론적 페이백 비율(Weighted Average Theoretical Payback Percentage)'이라는 롱 폴(Long Poll)에 의해서 확인할 수 있습니다.

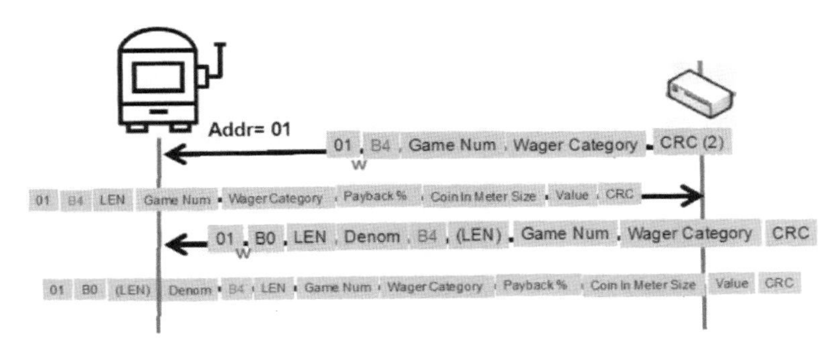

게임별 및 권종별 반환확률 확인

3. 인터넷 기반의 새로운 프로토콜 G2S(Gaming To System)

시리얼 기반의 SAS 프로토콜은 미국을 중심으로 하는 게이밍 표준협회(GSA, Gaming Standard Association)에서 2002년을 기준으로 6.02버전을 마지막으로 공식적으로 표준화 지원이 끝났습니다. 기존의 SAS는 근거리 통신이라는 제한으로 인해서 국가나 정부가 주관으로 하는 관리감독 시스템으로 사용되기 위해서는 개발회사의 성향에 따른 비표준 통신이 어쩔 수 없이 사용되어 표준화에 한계가 있었습니다.

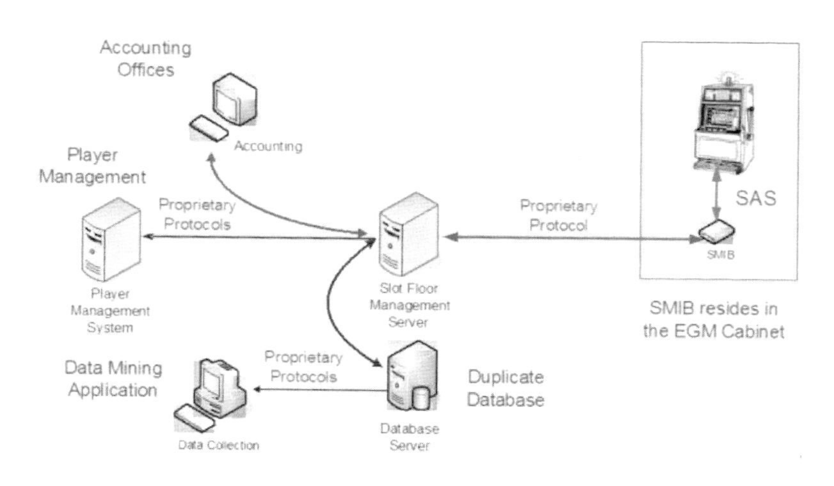

2000년 초반까지의 슬롯머신 감독 시스템 통신구조

2000년대 초반부터 게이밍 표준협회는 인터넷 기술의 발달과 걸맞은 TCP/IP 기술 배경의 통신기술 표준화를 위해 200여 개의 감독기관, 게임 제조사, 카지노 운영업체, 복권운영기관 등의 협회 회원을 중심으로 전자게임기와의 표준 통신규약인 G2S(Gaming to System), 전자게임기의 주변장치의 표준 통신규약인 GDS(Gaming Device Standard), 관리감독 시스템 간의 표준 통신규약인 S2S(System to System)를 체계화 시키고 있습니다.

GDS의 특징은 머신과 주변장치의 표준통신이라는 점으로서, 서로 다른 제조사들의 장비들이 호환성을 갖도록 하고, 시리얼 기반 위주의 통신을 플러그 앤 플레이(Plug and Play) 방식의 USB 통신으로 업그레이드하고, 주변장치에서 가능한 많은 센서 데이터를 머신에게 전달하게 하며, 경우에 따라서는 G2S 프로토콜과 호환되어 호스트역할의 관리서버에서 주변장치의 특정 기능을 설정하거나 센서 데이터

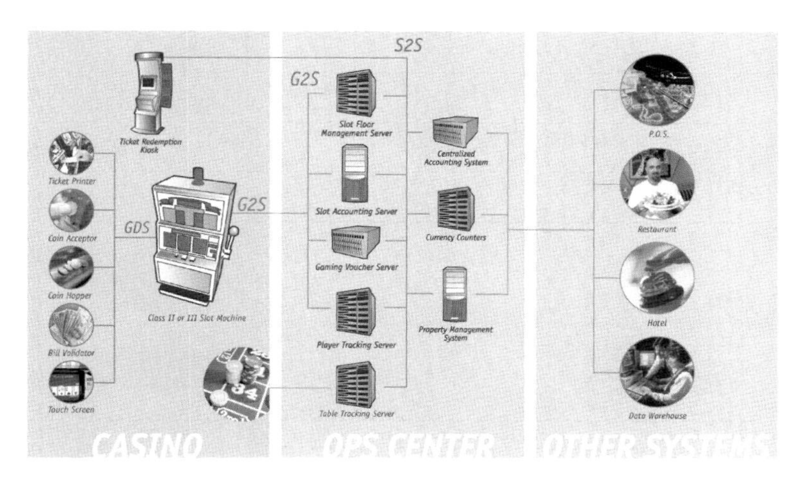

인터넷 기반의 전자게임기 통신 표준화

를 직접 수집할 수 있도록 하여 물리적 논리적 디바이스의 관리를 통합적으로 중앙에서 처리할 수 있도록 하는 장점이 있습니다.

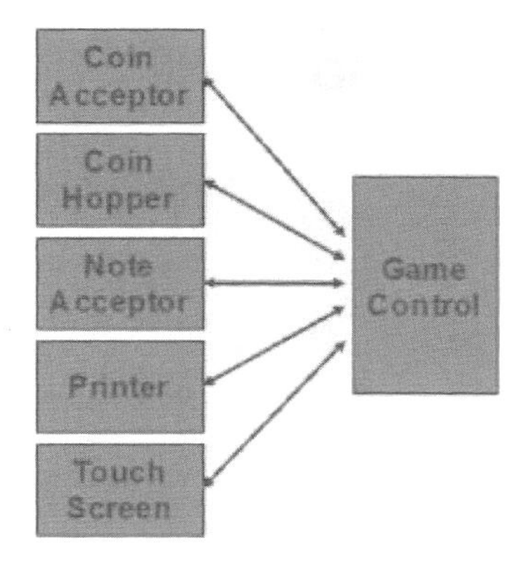

GDS 구조 개념

반면, G2S는 머신부터 백 엔드(Back End) 서버까지의 네트워크 통신환경으로 XML, JSON, SOAP, 웹 서비스(Web Service) 등 검증된 인터넷 통신기술을 근간으로 하고 있으며, G2S 메시지 표준(Message Standard), G2S 전송 표준(Transport Standards), G2S 환경설정 표준(Configuration Standards) 등의 3가지 종류의 표준으로 구분되어 있습니다.

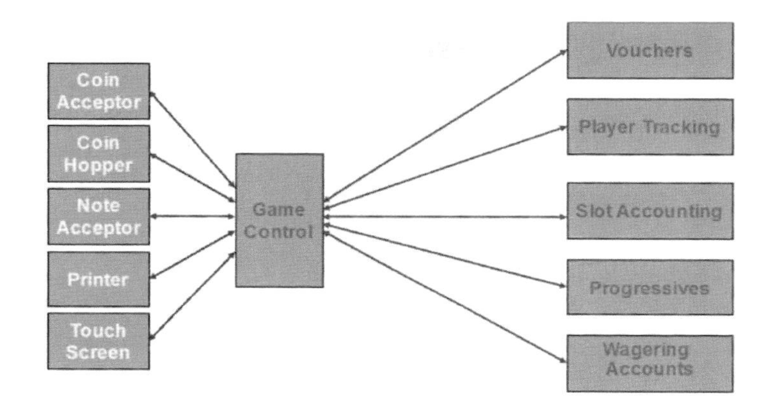

G2S기반의 네트워크 구조 개념

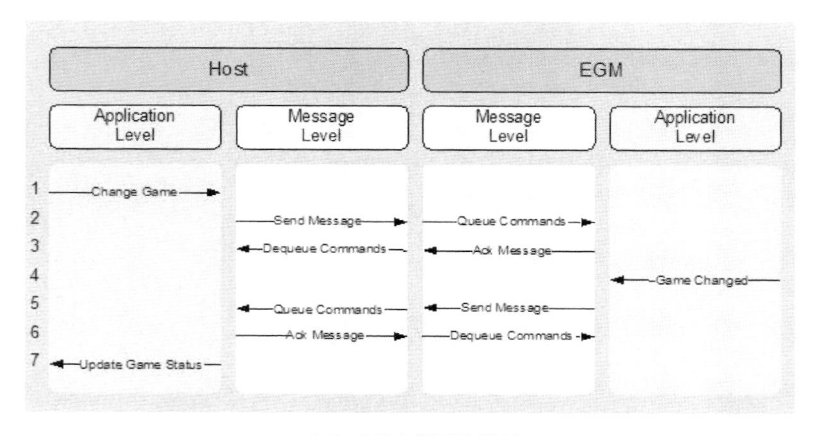

G2S 메시지 핸들링 방식

G2S는 여러 가지 기능을 쉽게 부가하여 구현 가능토록 한 구조체로, 이벤트 드리븐(Event Driven) 방식의 실시간 통신환경입니다. TCP/IP 기반의 검증된 웹 서비스(Web Service) 통신으로 대용량 통신에 적합하도록 구성되어 있습니다. 개별기능 수행을 위해 프로토콜 내에 상세 클래스가 정의되어 있으며, 물리적 디바이스, 비즈니스 로직, 또는 프로토콜의 기능 등으로 분류하여 30여 가지로 구분되어 있습니다. 모든 클래스는 해당 오너십을 구분하도록 하여, 다수의 서버 운영 시에도 해당 클래스를 관리하는 로직을 한 개의 서버로 분산처리 하도록 합니다. 관련된 다른 서버는 게스트의 개념으로 구독 요청한 미터 값이나 이벤트를 확인받거나, 이벤트 로그나 프로파일 정보를 확인할 수 있는 단순 기능만 제공합니다.

G2S를 구현하기 위해서는 아래의 코어 클래스(Core Class)가 반드시 필요합니다.

Communication
- Web services and multicast
- New EGM says “Hi” to the hosts it knows

Cabinet
- Owner Host can enable / disable play at an EGM
- Reporting of cabinet door events

Event Handler
- Any Host can subscribe to the events they need
- Events can include associated data
- All managed by subscriptions - one set per host

Meters
- Each host can request any meters + gets 2 subscriptions

· Complete meter support for all of G2S features
· Meters by Device and by Class

Game Play

· Manage active games within EGM
· See game play details(via event or log) on any system
· Metering by device
· Device = Theme + Paytable + one or more denominations

G2S를 통한 관리감독을 위해 반드시 필요한 클래스는 다음과 같습니다.

Code download

· Manage what code is on which EGM
· Download new code / code updates for EGM or devices
· Also allows Uploads of game logs, debug logs, etc.

Communication configuration - EGM communication(valid hosts and who owns what)

Option configuration - Configure EGM options and settings

Device configuration - Manage EGM functional resources

G2S를 통해 카지노나 복권기관을 운영하고자 하는 경우는 다음과 같은 클래스가 필요합니다.

Currency device classes - manage currency devices

· Coin Acceptor - Which coins are currently accepted?
· Note Acceptor - Accepted Notes; logs; events
· Hopper - enable / disable; events
· Note Dispenser - Dispensed Notes, logs; events

Printer class - manage printer, download templates

Handpay class - process hand paid wins and key offs

Id reader class - magcards, RFID, SmartCards, etc.

Player class - the player tracking stuff customers love
Progressive class - run progressives over the network
· Track Coin IN by Progressive Server
Bonus class - (roll your own bonuses)
· Support for multiple Bonus Servers
Voucher class
· Support for ticket in / ticket out
WAT class - Wagering Account Transfers
GAT class - authenticate code running in EGM & devices
Central Determination - the world of Class II gaming

S2S는 전자게임기와 관련된 다수의 서버 간의 통신규약을 표준화한 것으로 전통적인 슬롯머신의 회계, 플레이어 트레킹, 바우처 관리, 잭팟 관리, 동전 및 지폐 관리, POS 연동, 각종 키오스크 연동, 비디오 복권 터미널 서버, 카지노의 테이블게임 매출관리 시스템(Table Management Systems)까지 표준통신 기반에서 운영할 수 있도록 하고 있습니다.

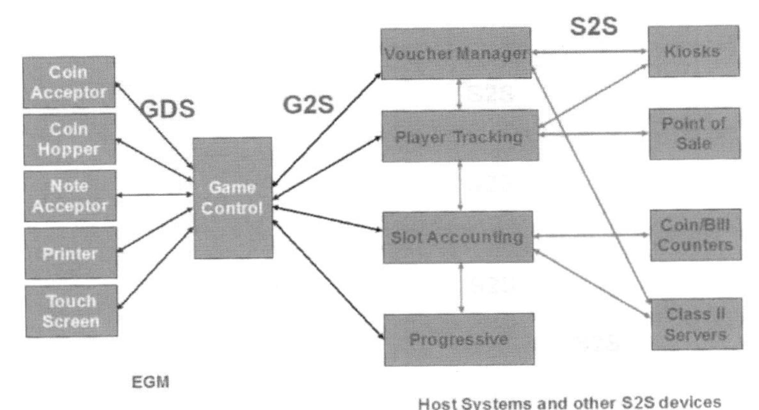

S2S 통신규약 개념 구조

S2S 프로토콜에 포함되어 있는 클래스(Class)는 아래와 같이 구분됩니다.

- Communications and Security
- Configuration
- Patron
- Table Games
- Fill and Credit Requests
- Jackpots / progressives
- Comps
- Vouchers
- Cashless
- Accounting Meters
- Event Filtering
- Players and Player Ratings
- Handpays

S2S는 단순히 전자게임기의 표준통신 프로토콜의 개념을 넘어서 다수의 관리감독 서버의 통신 표준화를 위해서 사용될 수 있습니다. 복수의 카지노나 사행성 게임기를 운영하는 기관을 중앙에서 모니터링하고 국세청이나 관련 기관의 서버와 연동 시에 해당 미터 값이나 이벤트만을 구독하여 업무를 처리할 수 있도록 네트워크나 데이터 처리를 분산화하면서 동시에 데이터 보안과 처리를 일괄적으로 할 수 있는 구성입니다. 현재, 미국의 플로리다 주, 오클라호마 주, 앨라배마 주에서 적용하여 사용하고 있습니다.

가령 국내 강원랜드에서 콤프 마일리지를 지역 식당이나 지역 직매장에서 차감하여 식당을 이용하거나 특정 상품을 구매하는 행위가 일어납니다. 이처럼 외부 금융 통신사의 망이나 시스템과 연동하는 경우, S2S의 표준화된 프로토콜을 이용할 수 있습니다.

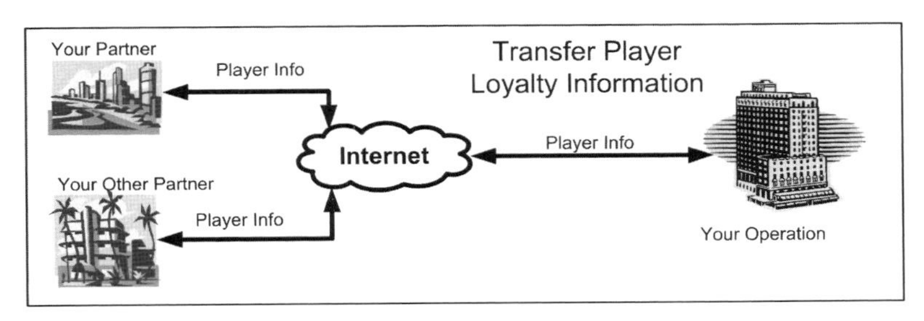

고객 COMP 마일리지 포인트 외부연동

게이밍 표준협회(GSA)는 G2S를 기반으로 하는 전자게임기에 대한 표준 정합성을 위해서 아래와 같은 체크리스트를 충족해야 한다고 밝히고 있습니다.

GSA Certification Checklist

Certify	Functional Group	Devices
⊠	Core Communications Functionality(Required)	
☐	Multicast Message Support	
☐	GSA Point-to-Point SOAP Transport Support	
☐	GSA Point-to-Point WebSocket Transport Support(Extension g2sWS)	
⊠	Core Cabinet Functionality(Required)	1
☐	Remote Restart Support	
☐	Operating Hours Support(Extension gtkOH)	
☐	Master Reset Support(Extension GtkMR)	
☐	Time Zone Offset Support(Extension g2s2)	

Certify	Functional Group	Devices
☐	Occupancy Meter Support(Extension g2sOC)	
☐	Game Audit Support(Extension g2sAUS)	
☐	Logic Seal Support(Extension g2sAUS)	
☐	Illegal Door Open Support(Extension g2sAUS)	
☐	Player-Initiated Configuration Changes(Extension g2sA)	
☐	Include Progressives in Return-to-Player(Extension g2sRTP)	
☐	Basic Substitution Token Group	
☐	Player Tracking Substitution Token Group	
☐	Wager Match Substitution Token Group(Extension igtWM)	
☐	Formatting Substitution Token Group(Extension g2s2)	
☒	Core Event Reporting Functionality(Required)	
☒	Core Meter Reporting Functionality(Required)	
☐	Audit Meter Support(Extension g2sAM)	
☐	Snapshot Meter Support(Extension g2sSNP)	
☒	Core Game Play Functionality(Required)	
☐	Configure Accessible Games & Denominations(Extension gtkGC)	
☐	Game Outcome Support(Extension igtGO)	
☐	Game Outcome Optimal Value Support(Extension g2sOV) [2]	
☐	Game Outcome DrawPoker Support(Extension igtPKR) [2]	
☐	Extended Play Count Support(Extension g2sGP2)	
☐	Additional Paytable Detail Support Extension g2sPTB)	
☐	Core Game Theme Functionality(Extension g2sGT)	
☐	Core Communications Configuration Functionality	1
☐	Core Option Configuration Functionality	
☐	Core Software Download Functionality	1
☐	Software Upload Support	
☐	Pause / Resume / Abort Support(Extension gtkDL)	
☒	Core Handpay Functionality(Required)	1
☐	Non-Validated Handpay Receipt Support(g2sNVR)	
☐	Core Coin Acceptor Functionality	
☐	Promotional and Non-Cashable Coin/Token Support(Extension g2s2)	

Certify		Functional Group	Devices
☐		Core Note Acceptor Functionality	
	☐	Promotional and Non-Cashable Note Support(Extension g2s2)	
	☐	Excessive Note Reject Support(Extension g2sERL)	
☐		Core Coin Hopper Functionality	
	☐	Promotional and Non-Cashable Coin/Token Support(Extension g2s2)	
☐		Core Note Dispenser Functionality	
	☐	Promotional and Non-Cashable Note Support(Extension g2s2)	
☐		Core Printer Functionality	
	☐	Host-Initiated Printing Support	
	☐	Restrict Printing to Specific Players(Extension igtPrn)	
☐		Core Progressive Functionality	
	☐	EGM Discovery of Host Progressive Configuration	
☐		Core ID Reader Functionality	
	☐	Host-Controlled ID Reader [1]	
	☐	EGM-Controlled ID Reader [1]	
	☐	Multi-Lingual Support(Extension g2s2)	
	☐	Enable/Disable Marketing-Oriented Messages for Specific Players(Extension g2s2)	
☐		Core Bonus Functionality	
	☐	Bonus Award Limits(Extension igtBonus)	
	☐	Wager Match Bonus Support(Extension igtWM)	
	☐	Multiple Jackpot Time Bonus Support(Extension igtMJT)	
	☐	Multiple Jackpot Time and Wager Match Meters(Extension g2sMJT1)	
☐		Core Player Tracking Functionality	1
	☐	Display Limit Support(Extension igtPlayer-limits)	
	☐	Wager Match Player Support(Extension igtWMP)	
	☐	Multi-Lingual Support(Extension g2s2)	
	☐	Multiple ID Reader Support(Extension g2sMI)	
☐		Core Voucher Functionality	
	☐	Issue Voucher Support	
	☐	Redeem Voucher Support	
	☐	Validation System Offline Support(Extension g2sVSO)	

Certify	Functional Group	Devices
☐	Offline Handpay Voucher Support(Extension g2sVSO1) [3]	
☐	Core Wagering Account Functionality	
☐	EGM-Controlled User Interface	
☐	Core Game Authentication Functionality	
☐	Special Function Support	
☐	Cancel Verification Support(Extension g2sGVC)	
☐	Core Central Determination Functionality	
☐	Core Media Display(PUI) Functionality(Extension igtMediaDisplay)	
☐	Host to Content Support(Extension g2sHCI)	
☐	Content to Content Support(Extension g2sCCI)	
☐	EMDI Connection Required Support(Extension g2sCR)	
☐	Native Resolution Support(Extension g2sNR)	
☐	Modal Overlay Window Support(Extension g2sRMD)	
☐	Core Storage Requirements Functionality(Extension gtkST)	1
☐	Core Remote Cash-Out Functionality(Extension GtkCO)	
☐	Core Informed Player Functionality(Extension tleIP)	1
☐	Player Authentication Using PINs	
☐	Max Bet, Max Note, Min Game Cycle Support(Extension g2sIP1)	
☐	Core Smart Card Functionality(Extension igtSC)	
☐	Secure Transaction Module Support(Extension g2sSTM)	
☐	Core Hardware Inventory Functionality(Extension g2sHW)	1
☐	Core Employee Tracking Functionality(Extension g2sEM)	1
☐	Employee Activity Code Reporting	
☐	Core Tournament Functionality(Extension g2sTR)	1
☐	EGM-Controlled Tournament Registration	
☐	Tournament Standings Support	
☐	Core Direct Funds Transfer Functionality(Extension g2sDF)	
☐	Core Standalone Progressive Functionality(Extension g2sSP)	
☐	Core Mystery Progressive Functionality(Extension g2sMP)	
☐	Core Sign Functionality(Extension g2sSN)	
☐	Display Recent Jackpot Hits	

세계 각국의 소셜 카지노 및 모바일 카지노 관리감독 정책을 위한 서드 파티 게임 인터페이스(Third-Party Game Interface)

미국을 중심으로 하는 게이밍 표준협회(GSA)에서는 전자게임머신 뿐 아니라 온라인이나 모바일 기술을 근간으로 사회적인 파장을 일으키고 있는 소셜 카지노나 온라인 카지노와 같이 확률형 아이템을 근간으로 하는 게임 산업을 감독할 수 있는 표준 통신기술을 연구개발 하고 있습니다.

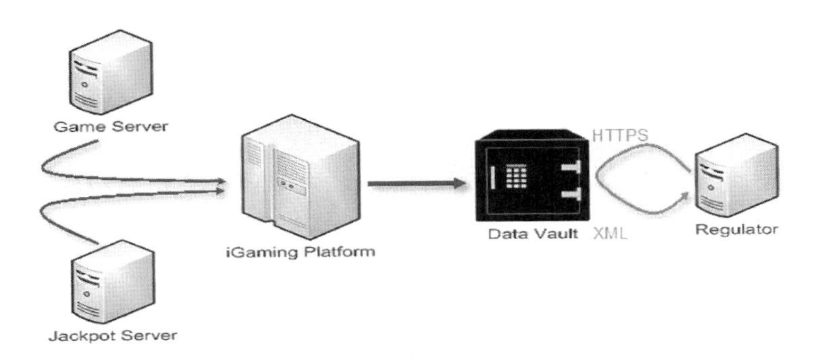

관리감독 리포트 인터페이스 개념 구조

현재 국내에서는 웹보드 게임과 확률형 아이템 게임의 사행성 여부에 대한 논쟁이 뜨겁습니다. 국내와 같이 해외에서도 플레이어의 중독이나 사행성 여부, 부정한 환전행위 방어 등을 위한 다수의 논의가 이루어지고 있는 상태입니다. 해외에서는 소셜 카지노나 확률형 아이템 게임, 스포츠 토토 등을 포괄적으로 아이게이밍(iGaming)이라고 부르고 있으며 이를 위해 다수의 기관과 업체의 협의에 의해서 정부나 감독기관에서 투명하게 확률에 대한 정보, 플레이어에 대한 정보, 매출에 대한 정보 등을 공유할 수 있는 기술표준을 연구하고 체계화 해가고 있습니다.

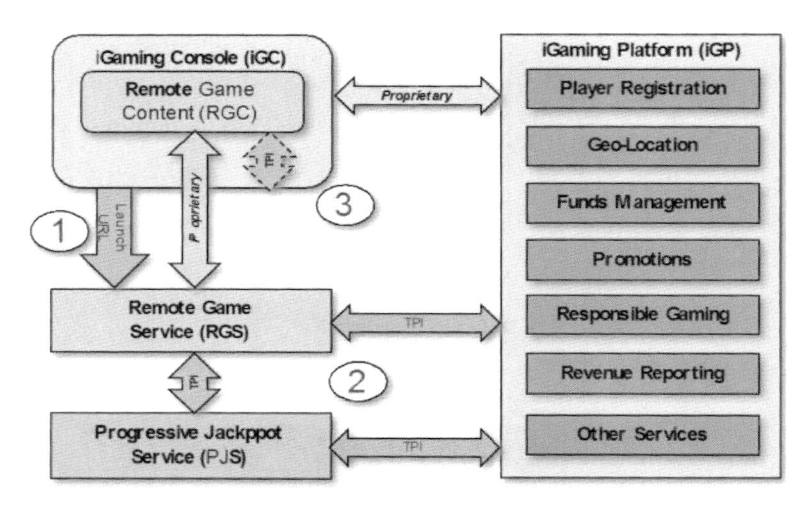

아이게이밍(iGaming) 인터페이스 구조 개념

아직까지는 개념적 측면에서 접근하고 있지만, 조만간 불법자금 세탁, 도박중독 등 다수의 사회적 문제를 해결하기 위한 기술근거가 확보가 될 것이라고 보입니다.

현재까지는 JSON 포맷기준으로 웹소켓(WebSocket)을 이용한 표준으로 잡혀 있으며, 개별 아이게이밍(iGaming)사가 만든 비표준 기술을 표준 플랫폼에 연동하여, 플레이어의 정보와 게임 이력, 게임금액 전송이력, 지역 감독기관별 요구조건 등을 공유할 수 있는 아이디어입니다.

특히 비트코인의 합법적인 유통과 투명성이 2017년에 들어 굉장히 큰 이슈로 대두되고 있습니다.

제5장

우리의 영역, '미래'

1. 우리 안에 있는 그들을 위해

2017년 법무부에서 발표한 국내 체류 외국인 인구 통계는 2016년 204만 명으로 우리나라 전체 인구에 4%에 도달했습니다. 약 100만 명이 중국인이고 나머지가 베트남, 미국, 태국 순으로 집계되었습니다. 국적을 따지지 않더라도 모든 인류는 게임을 좋아합니다. 다민족 사회에 맞는 게임문화의 변화가 필요한 시기입니다. 일부 체류 외국인들의 불법 도박과 그에 따른 사회적 문제가 점점 커지고 있습니다.

1967년 인천 올림퍼스 카지노, 지금의 인천 파라다이스 시티 카지노, 1968년 워커힐 파라다이스 카지노, 2006년 관광공사 주도의 세븐럭 카지노는 여행객을 위한 외국인 전용 카지노 개념으로 외화 획득을 목적으로 설립되어 별도의 세금 없이 10% 수준의 관광진흥기금을 국가에서 받고 있습니다. 그 외에 대구 카지노, 용평 카지노, 부산의 두 군데 카지노, 제주도의 여덟 군데 카지노가 모두 외국인 여행객을 위한 외국인 전용 카지노입니다.

전통이 있는 파라다이스 그룹과 국가가 운영하는 이미지의 세븐럭 카지노를 제외하면 나머지 카지노 모두가 영세했으며, 한철 장사에 겨우 운영되는 이름만 카지노였던 적이 있습니다. 2006년 우리나라에 체류했던 외국인 인구가 겨우 90만이었던 시절 17개 외국인 카지노는 외국인 여행객을 유치하기 위해서 일본이나 중국에 직접 가서 불법적으로 카지노 알선을 해야 했던 시절이 있었습니다.

파라다이스 그룹은 현재 아시아에서 가장 강력한 파워를 가진 겐팅(Kenting) 카지노를 처음 개발 기획하고 업무 기술을 전수해 주었던 아시아의 대표 카지노였으며, 국내에서도 많은 호텔리어와 카지노 전공의 젊은이들이 도전하는 카지노임에는 틀림없습니다. 또한 세븐럭 카지노 역시 공공 카지노라는 이름에 맞게 카지노 투명화와 선진화를 통해 국내 카지노 시장을 이끌어온 주역이라 할 수 있습니다.

수십 년 동안 외국인 관광객 유치나 외화 획득을 위한 파라다이스 그룹이나 세븐럭 카지노의 순역할은 계속되어야 합니다. 다만, 대한민국의 영토에서 우리 문화를 같이 만들어 가고 있는 50만 단기체류 외국인과 150만 장기체류 외국인들의 건전한 게임문화 환경과 새로운 콘텐츠를 통해서 각자의 신에게 그들의 은총을 확인하는 인간의 기본욕구를 해소할 수 있는 안전한 사회적 장치를 이끌어 갈 새로운 역할이 필요합니다.

2013년도까지 회사의 명운이 희박했던 대구에 조그만 외국인 전용 카지노가 생겼고 그곳은 2016년에 700%가 넘는 기록적인 매출 신장을 기록했습니다. 일본이나 중국 여행객들을 현지에서 알선해서 직접 유치하기에는 규모나 시설적인 면에서 파라다이스나 세븐럭에 비해 너무 영세했습니다. 이들의 돌파 전략은 주변 공업시설에 관련된 체류 외국인이었습니다. 공장 앞에서 전단지를 나누어 주며 그들이 안전하게 즐길 수 있는 합법적인 카지노임을 홍보했습니다. 언어가 잘 안 통하는 동남아시아인과 중국인이지만 따스한 우리말로 서비스를 제공했습니다. 상대적으로 화려한 시설과 큰 규모를 갖추고 일회성 또는 부정기적인 여행객을 기준으로 짜여진 서비스 체계의 부산 카지노보다는 대구의 카지노는 한국의 정과 따스함을 보여주어 우리와 같이 이곳 대한민국에서 살고 있는 체류 외국인에게 더욱 매력이 있었습니다. 서툰 한국어지만 친밀한 서비스를 받는 그들은 더 이상 외국인 노동자가 아닌 손님으로 소중한 추억을 만들 수 있었습니다.

대구 카지노의 직원들은 영어도 일본어도 중국어도 상대적으로 뛰어난 실력은 아니었습니다. 하지만, 그들은 동남아 출신의 체류 외국인들이 대한민국 어디서도 느끼지 못하던 따스한 마음과 정성을 제공하는 진정한 게이밍 엔터테인먼트 역군이었습니다.

2만 명 이상 장기체류 외국인이 거주하는 지역은 충청북도, 충청남도, 전라북도, 전라남도, 인천, 울산, 서울, 부산, 대구, 광주, 경상북도, 경상남도, 경기도 입니다. 외국인 전용 카지노가 8곳이나 있는 제주도는 정치적 영향이 있었지만, 2016년도 통계청 자료에 따르면 겨우 17,476명이 체류하고 있다고 합니다. 또한 강원랜드와 용평 카지노 2개가 있는 강원도의 경우 19,364명입니다. 수치상으로 보았을 때 120,000명이 넘는 충청남북도와 470,000명이 넘는 경기도는 특히 체류 외국인이 즐길 수 있는 건전한 게임문화 시설이 절실히 필요합니다.

전통적인 카지노의 매출은 슬롯머신과 테이블 게임이 주입니다. 테이블 게임은 테이블 내에서 게임 칩스를 구매하거나 게임으로 인해 게임 칩스가 유동되어 실제 정확한 매출을 실시간으로 확인하기가 어렵습니다. 다만, 베트남처럼 '외국인 성인전용 오락실'이라는 명목 하에 모든 게임이 전자적인 베팅 시스템이 내장된 전자테이블과 슬롯머신으로 구성되어 딜러나 운영자의 간섭 없이 진행되는 경우, 정확한 매출이 실시간으로 집계되도록 감독할 수 있습니다. 물론 전자카드를 도입하는 경우 특정한 금액 이상 게임을 하거나 특정한 게임 횟수 이상 게임을 못하게 하는 중독예방 기술로 융합하여 감독할 수 있습니다.

같이 사는 사회에서 우리와 함께 문화를 만드는 150만 장기체류 외국인들을 위해 그들만의 건전한 게임문화를 만들어 줄 수 있도록 도심형 전자 카지노 또는 외국인 전용 성인오락실을 제도화 하고, 그로 인해 호텔 및 카지노 전공 내외국인 학생들의 일자리를 창출하고, 기존의 관광진흥기금이 아닌 유럽형 고세율 게임세로 전환하여 중앙정부와 지방자치단체 모두가 경제적으로 도움을 받을 수 있도록 해야 합니다.

2. 우리들의 강원랜드를 위해

1998년 폐광지역의 경제 활성화를 위해 강원도 정선, 태백, 영월, 삼척 등의 4개 시군과 산업 통상자원부 산하의 한국 광해관리 공단, 강원도가 51% 지분을 가지고 있는 국내 유일의 내국인 카지노 입니다.

1967년 인천 올림퍼스 카지노가 내외국인 관계없이 1년간 운영하다가 사회적 물의를 일으켜 박정희 대통령이 외국인 전용 카지노로 만들었으니, 강원랜드는 내국인 카지노로는 두 번째 카지노입니다.

2000년 개장 이후 각종 입찰 비리, 직원 횡령, 자금 세탁으로 사법처리된 직원들이 수백 명에 이를 정도로 사회적 관심과 파장을 만들어내고 있습니다. 하지만, 사행산업 총량제에 의해서 매출이 제한되는 강원랜드를 해외의 시선으로 보면 잉여 이익금이 자그마치 2조원 넘게 있는 국제적 규모의 카지노 리조트 입니다.

멀리 이슬람 국가인 말레이시아는 수도 쿠알라룸푸르에서도 3시간 정도를 달려가야 하는 칼리산 고원에 60개 객실의 호텔 카지노가 1969년에 생겼습니다. 보수적인 이슬람 국가에서 30%의 세금과 수만 개의 일자리를 만들기 위해 생긴 유일한 카지노였습니다. 카지노의 이름은 겐팅 하이랜드였습니다. 겐팅은 카지노의 경험이 없었기에 대한민국 올림퍼스 카지노와 워커힐 파라다이스 전낙원 회장의 도움을 받아 카지노 개발을 기획하고 초기에 운영지원을 받았습니다. 겐팅 하이랜드는 싱가포르에 리조트 월드 샌토사, 필리핀에 리조트 월드 마닐라, 스타크루즈(선상 카지노), 제주도에 신화 리조트 월드를 비롯해서 전 세계 8개 대형 호텔, 골프장을 가지고 있는 회사로 발전했습니다.

우리보다 보수적인 사회구조에서, 우리보다 늦게 시작하고, 우리에게 일을 배운 말레이시아의 조그만 민간 카지노가 이제 국제적으로 유명한 카지노 그룹과 어깨를 나란히 하는 글로벌 기업이 되어 있습니다. 겐팅 그룹의 직원은 3만여 명입니다. 또한 겐팅은 기술집약적인 사업보다는 아시아 주요 카지노 시장을 선점하여 수익화한 회사입니다.

반면, 겐팅 하이랜드를 모티브로 만든 우리의 강원랜드는 2000년 개장 이후 아직 글로벌화에는 도달하지 못하였습니다. 강원랜드가 겐팅 하이랜드에 비해 비교적 우위에 있는 부분은 아이러니 하지만 투명성입니다. 민간기업 태생인 겐팅은 이중 장부 조작 및 세금 탈루 혐의로 필리핀에서 사업허가를 취소당한 적이 있습니다. 하지만, 강원랜드는 수많은 감사와 감리로 상대적으로 투명화를 위한 자체적인 감독 시스템이 구축되어 있습니다.

카지노 산업과 관련된 사업에는 4가지 종류의 사업이 있습니다. 첫 번째, 전통적인 카지노 운영업 입니다. 두 번째 온라인 카지노 운영업 입니다. 세 번째 카지노 게임 제작업 입니다. 네 번째 카지노 감독 시스템 사업입니다.

전통적인 카지노 사업은 싱가포르와 마카오 등의 대형화와 선점이 글로벌 시장으로 나가는데 걸림돌이 되고 있으며, 내국인 전용 독점의 한시적 제약이 남아있습니다. 강원랜드가 글로벌 하기 가장 용이한 시장입니다. 다만 이전에 밸리(Bally)사와 IGT사의 역사적 의미에서 볼 수 있듯이 지금의 글로벌 시장에서 건설과 부동산을 통한 카지노 사업의 확장은 한계가 있습니다.

온라인 카지노 사업의 경우는 합법적인 시장이 확대되어 가고는 있지만 아직도 대다수의 국가가 불법으로 여기고 있는 온라인 카지노를 대한민국의 공공기관의 위치에서 사업화하기에는 다소 무리가 있습니다.

소셜 카지노 시장의 경우는 이미 다량의 게임 콘텐츠와 집약적인 기술을 가지고 있던 기존의 카지노 게임 제작업체가 소셜 카지노 시장으로 유입되었기 때문에 시장 경쟁력 위치에서 다소 무리가 따르는 시장입니다.

게임 제작업은 과거 슬롯머신이나 전자테이블 기계를 만들어 유통하는 전통적인 전자 제조업이 아닌, 창조적이고 혁신적인 소프트웨어 기반의 게임을 만들어야 하는 소프트웨어 개발업이 되어 버렸습니다. 기존에 강원랜드가 가지고 있는 역량과는 전혀 관련이 없는 영역입니다. 마치 더블유 게임즈가 페이스북에 소셜 카지노를 성공시켜 2,000억 원 가까이 해외에서 투자 받았다고 1년에 2조 원 매출을 하는 거대 카지노가 게임 개발사를 하겠다고 하는 것과 마찬가지 입니다. 전통적인 슬롯머신 유통시장도 1년에 전 세계 시장규모가 4조원 규모의 상대적으로 작은 시장입니다.

남아 있는 선택은 감독기술의 고도화와 국산화를 통해서 연 20조 시장의 감독기술 사업으로 나가는 것입니다.

대다수의 국가들이 사행성 게임과 카지노를 통제하고 싶어 합니다. 물론 가능하면 적은 국가 예산을 투입하여 조금 더 많은 세금을 징수할 수 있도록 감독기술의 투명성과 믿을 수 있는 파트너를 찾습니다.

2013년도부터 G2S나 SAS 기술을 이용한 유럽에서는 중앙 모니터링 사업이 유럽 28개국 통합 법안에 의해서 진행되고 있고, 미국이나 캐나다, 호주도 주 정부별로 진행 중에 있습니다. 전 세계에서 관련된 사업을 진행하고 있는 기업은 인트랄롯(Intralot(그리스)), G테크(GTech(이탈리아)), 사이언티픽 게임즈(Scientific Games(미국))등 3개 사로서 현재 1년에 30조원에 해당하는 시장을 삼등분하여 가져가고 있습니다. 강원랜드가 사용했던 슬롯머신 감독 시스템도 처음에는 G테크(GTech)의 하위 기업인 IGT제품을 사용했으며, 우리나라 로또 복권의 1기, 2기, 3기 모두를 인트랄롯(Intralot), G테크(GTech), 사이언티픽 게임즈(SG)가 번갈아 가면서 참여하여 한해 적게는 50억 원에서 많게는 수백억 원의 기술 자문료를 받아 갔습니다.

강원랜드의 미래는 가지고 있는 감독기술의 고도화를 통해, 대한민국의 공공기관으로서 국내 감독기술 시장과 글로벌 시장에서 신뢰받을 수 있는 감독기술 및 서비스를 제공하는 것이 사업적으로 가장 역량과 기회가 많다고 느낍니다. 국내의 감독기술 시장은 4기 복권기술 사업, 외국인 전용 전자 카지노 사업, 확률형 경품 아케이드 사업 등 잘 보이지 않는 많은 곳에 강원랜드가 가지고 있는 역량을 필요로 합니다.

강원랜드의 미래는 단순히 강원랜드 직원들만의 미래가 아니고, 강원도의 미래이며, IT 기술 전공 및 관광학과를 전공하는 우리 대한민국 젊은이들의 미래입니다.

3. 전통적인 카지노를 꿈꾸는 후배들을 위해

인터넷 기술이 발달하면서 1년에 3만 개의 직업이 없어지고 3만 개의 새로운 직업이 생긴다고 합니다. 카지노의 미래는 암흑입니다. 산업적 차원에서 인터넷 기술과 융합되지 못했던 산업은 모두 세상에서 사라져 버리거나 다른 모습으로 존재해야만 했습니다. 20년 전까지 동네마다 있던 서점도, 거리에 신문 자판대도, 비디오 대여점도, 음악 레코드 판매점도 사라졌습니다.

미국 라스베이거스에 2015년 카지노 평균 고객의 나이는 67세입니다. 점점 찾아오는 고객들이 나이가 많아지거나, 경제적인 능력이 되지 않게 됩니다. 10년 전까지는 카지노의 숫자에 비해 플레이어 숫자가 훨씬 많았습니다. 카지노를 짓기만 하면 손님이 터져 나갔습니다. 하지만, 이제는 그 성장세가 둔화되고 불법적이든 합법적이든 온라인 카지노를 찾거나 소셜 카지노로 체험하는데 그치고 있습니다.

국내에 유입되던 VIP 플레이어도 싱가포르나 사이판의 신생 카지노로 뺏겨버렸습니다. 늘어나지 않는 고객층에게 더 많은 무료 서비스와 프로모션을 제공할 수 있는 대형 카지노만이 살아남는 시장이 되었습니다.

딜러를 대신할 수 있는 로봇 딜러가 시중에 나왔습니다. 딜러가 더 이상 게임 칩스를 만지지 않아도 되는 전자테이블 시장이 보편화 되어가고 있습니다. 슬롯머신이나 전자테이블에서 나온 티켓을 자동으로 환전해 주는 티켓 환전기가 보편화되어 가고 있습니다. 기계와 기술은 우리의 일자리를 빼앗고, 플레이어의 선호도는 좀 더 개인화되어 가면서 프라이버시가 있는 전자게임을 선호해가고 있습니다.

하지만, 온라인 카지노나 소셜 카지노가 전통적인 카지노와 다른 것이 딱 한 가지가 있습니다. 그것은 바로 사람들끼리 나누는 교감, 즉 휴먼 터치입니다.

사람들은 누가 자신을 바보 취급하면 화를 냅니다. 다만, 자신이 바보가 되고 싶을 때, 창피하지 않게 바보가 될 수 있도록 도와주는 것은 좋아합니다. 그게 바로 엔터테인먼트라고 필자는 생각합니다. 사람들이 바보 같지만 확률적으로 정말 안 될 것이라는 것을 알면서도, 한번 베팅에 자신의 운명을 점치고자 할 때 그들의 기원과 바람을 진지하게 응원해주는 인간적인 교감이 바로 엔터테인먼트이고 서비스입니다.

미국 캘리포니아에서 5시간 거리의 접근성이 상대적으로 많이 떨어지는 슬롯머신 클럽에 매출이 갑자기 200% 이상 상승했습니다.

변화된 것은 티켓 환전기를 영업장에서 치워 버린 것 이외에는 없었습니다. 그러나 플레이어는 티켓 환전기를 이용하기 전보다 직원들과 인간적인 교감을 나눌 수 있는 물리적 기회가 많아졌고, 거리는 멀지만 진심으로 플레이어의 행운을 기원해주고 아쉬워 해주는 카지노 직원들의 응원에 더 많은 손님들이 높은 가격을 지불하러 온 것입니다.

기술의 발전은 우리의 역할과 모습을 변화시킵니다. 그러나 우리가 기술과 기계와 대체되지 않는 것은 인간적인 교감을 서비스하는 것이며, 그것이 카지노를 방문하는 플레이어가 지불하는 엔터테인먼트의 가격이어야 합니다. 만약 카지노의 가격이 좀 더 정형화 될 수 있는 서비스 개념이라면 더욱 많은 플레이어들이 안전하고 건전하게 카지노를 즐길 수 있을 것입니다.

4. 건전한 게이밍 엔터테인먼트를 위해

세상에서 사람들이 제품이나 서비스를 구매하고자 할 때 가격을 물어 봅니다. 가격이 없는 상품이나 서비스를 구매하는 사람들은 더욱 없습니다. 전통적인 카지노에서는 가격이라는 개념이 없었습니다. 플레이어가 한 시간의 게이밍 엔터테인먼트를 즐기기 위해서 카지노가 적어도 받아야 하는 대관료 개념의 가격이 산정되거나 제시된 적이 없습니다. 보편적 가치 기준의 가격이 산정되지 않기 때문에 실제 통계적으로 전 세계 성인 인구의 1%만이 카지노에 1년에 두 번 이상 다니는 고객이 됩니다.

반면 최근 소셜 카지노나 기타의 확률형 아이템 게임은 전통적인 카지노에 없었던 가격이라는 새로운 개념을 가지고 나왔습니다. 예를 들어서 RPG게임에서 오만 원을 주고 가상 다이아몬드를 500개를 삽니다. 500개의 가상 다이아몬드 중 100개를 투입해서 레어 아이템이라고 불리는 최상위 아이템을 추첨 방식으로 뽑아냅니다. 하지만, 최상위 아이템은 아니고 일반적인 아이템만 나옵니다. 다시 100개를 소진해서 아이템을 뽑아 보지만, 역시 일반적인 아이템만 나왔습니다. 수차례 돌려서 결국 최상위 아이템 하나를 받거나 아예 받지 못합니다. 500개의 가상 다이아몬드의 가격은 오만원이지만, 확률을 통해 얻어지는 아이템은 가격이 없습니다.

교회나 절에서 헌금하는 금액은 기도하는 각자의 가치에 의해서 정해집니다. 신의 은총을 테스트 하고자 하는 사람들이 카지노 슬롯머신에 베팅하는 금액도 각자의 가치에 의해서 정해집니다. 사회 보편적 타당성 범위의 베팅금액이나 게임 참여 횟수를 18세 이상으로 제한합니다.

하지만, 아이템의 지급 확률이 사유화되어 있는 확률형 아이템 게임은 아직 경제적으로나 정신적으로 보호되어야 할 청소년들에게 카지노 슬롯머신보다 더 강한 사행성을 훈련시키는 효과가 일어날 수 있습니다. 일정한 확률의 아이템이어야 가격구조가 생기며, 청소년들에게 사행성을 배제한 단순한 게임 아이템 가격으로 판단할 수 있는 기준을 제공할 수 있습니다.

지난 시절 바다이야기는 반환율이 110% 이상으로 설정되어 있었습니다. 즉, 이론적으로 100만 원을 가지고 게임을 하다 보면 게임금액이 110만 원이 되는 것이었습니다. 마치 100만 원을 게임가격으로 지급하고 110만 원짜리 상품권을 누구나 받을 수 있다고 느끼게 만들어 주는 것이었습니다. 110만 원짜리 상품권을 20% 할인해서 현금으로 지급하면 이론적으로는 88만 원이 됩니다.

바다이야기는 몇몇 소규모 운영업자들이 확률과 환전을 교묘히 이용하여 현금 투입, 게임 크레디트(Credit) 금액 판매, 상품권 수령, 다시 현금 환전으로 악순환이 되도록 이용했던 게임물입니다. 그러나 일부 모바일 게임이나 온라인 게임은 국가의 안전장치 없이 대형 게임회사가 방임적 입장으로 판단하는 경우, 현금 투입, 게임 머니 소진, 아이템 수령, 계정 또는 아이템 판매, 현금 환전으로 일부 악의적인 사람들에게 쉽게 이용될 수 있습니다. 최악의 경우, 특정 연령과 국적을 제한하고 있는 카지노나 성인전용오락실과 달리, 누구나 접근 가능하고 특히 자라나는 청소년들에게 큰 해를 끼칠 수 있습니다. 따라서 청소년들이 많이 이용하고 있는 확률형 아이템 게임에 대한 보다 적극적인 투명화와 사회적 협의가 필요합니다. 그렇지 않다면 자칫 바다이야기보다 더 큰 피해와 상처를 몰고 올 수 있습니다.

에필로그

신의 영역 '확률', 인간의 영역 '창작', 약속의 영역 '감독기술', 통신의 영역 'SAS vs G2S', 우리의 영역 '미래'를 통해 20년 가까운 필자의 경험적 식견을 분리하여 보았습니다.

신의 영역에서는 확률을 신의 은총을 테스트하고자 하는 인간의 본성에 빗대어 사행성 전자게임기의 변천 역사를 살펴보고, 그 역사 속에서 주도권을 잡으려 했던 확률을 근간으로 하는 게임 제조업체들의 치열했던 관련 기술개발 전쟁, 미국과 호주로 양분되었던 게임 제조업체들의 격돌의 역사로 우리의 미래를 생각해볼 수 있기를 바랍니다.

인간의 영역에서는 치밀하게 사람들을 유혹하는 사행성 전자게임기들의 종류, 잭팟의 비밀, 그들만의 용어, 무료서비스가 아닌 그들만의 계산법, 그들만이 쉬쉬하는 확률의 비밀, 슬롯머신 하드웨어 해부, 슬롯머신 내부구조 해부, 그들의 운영 비법 등을 소개하여 건전한 카지노 운영과 이해를 돕고자 했습니다.

약속의 영역에서는 전 세계 사행성 전자게임들의 국가별 시장규모, 국가별 최대 베팅금액 제한과 최대 배당금액 제한을 통한 시장규제, 국가별 게임세를 통한 세수확보 차이, 국제통용 표준 인증제도, 중앙 모니터링 사례, 우수 운영사례 등을 소개하여 균형 있는 규제와 게임 시장의 자율성 제공을 깊이 있게 고민해 볼 수 있도록 했습니다.

통신의 영역에서는 근거리 통신표준과 TCP/IP 기반의 통신표준들을 소개하고 관리감독을 위한 최소한의 기술근거와 데이터 포맷을 제공하여 국내 감독기술 표준화에 대한 기술적 이해를 돕고자 하였습니다.

우리의 영역에서는 가까운 미래에 일어날 산업 전반의 이슈와 우리들의 후배나 젊은이들이 이겨내야 하는 현실을 기준으로 부족하지만 필자의 소견을 추가하여 도움이 되고자 하였습니다.

필자의 작은 노력이 이 사회를 지탱하는 구성원들의 올바른 관점과 사회적 지혜를 구하는데 도움이 되기를 기원하면서 글을 마칩니다.

끝까지 글을 마칠 수 있도록 힘을 주신 하느님께 감사드립니다.

2017년 11월 25일

필자 박현준 스테파노

박현준

1991년부터 국내외 호텔 및 카지노와 관련된 선진 IT 기술을 현장에서 꾸준히 익혀 왔다. 또한 평생 공학적 마인드를 가진 서비스 맨이 되기 위해 노력했다.
건전한 게이밍 엔터테인먼트 산업 창출에 이바지하고자 중소기업청 "사행성 게임 감독을 위한 이기종 프로토콜 변환 기술 개발 과제"와 미래창조과학부 "사행성 전자게임기 실시간 감독 시스템 기술 국산화 개발 과제"를 연구했다.
해당 연구를 통해, 장영실상, 산업통상부 장관상 국무총리상을 수상했다. 이 책, "그들만 아는 슬롯머신"은 세상을 밝게 하고자 용기를 내어 써 내려간 첫 저작이다.

SLOT
그들만 아는 슬롯머신
MACHINE

초판인쇄 2018년 3월 23일
초판발행 2018년 3월 23일

지은이 박현준
펴낸이 채종준
펴낸곳 한국학술정보㈜
주소 경기도 파주시 회동길 230(문발동)
전화 031) 908-3181(대표)
팩스 031) 908-3189
홈페이지 http://ebook.kstudy.com
전자우편 출판사업부 publish@kstudy.com
등록 제일산-115호(2000. 6. 19)

ISBN 978-89-268-8356-3 93560

책에 대한 더 나은 생각, 끊임없는 고민, 독자를 생각하는 마음으로 보다 좋은 책을 만들어갑니다.